Wölfe

Ein Mythos kehrt zurück

OLAF SCHULZ

Wölfe

Ein Mythos kehrt zurück

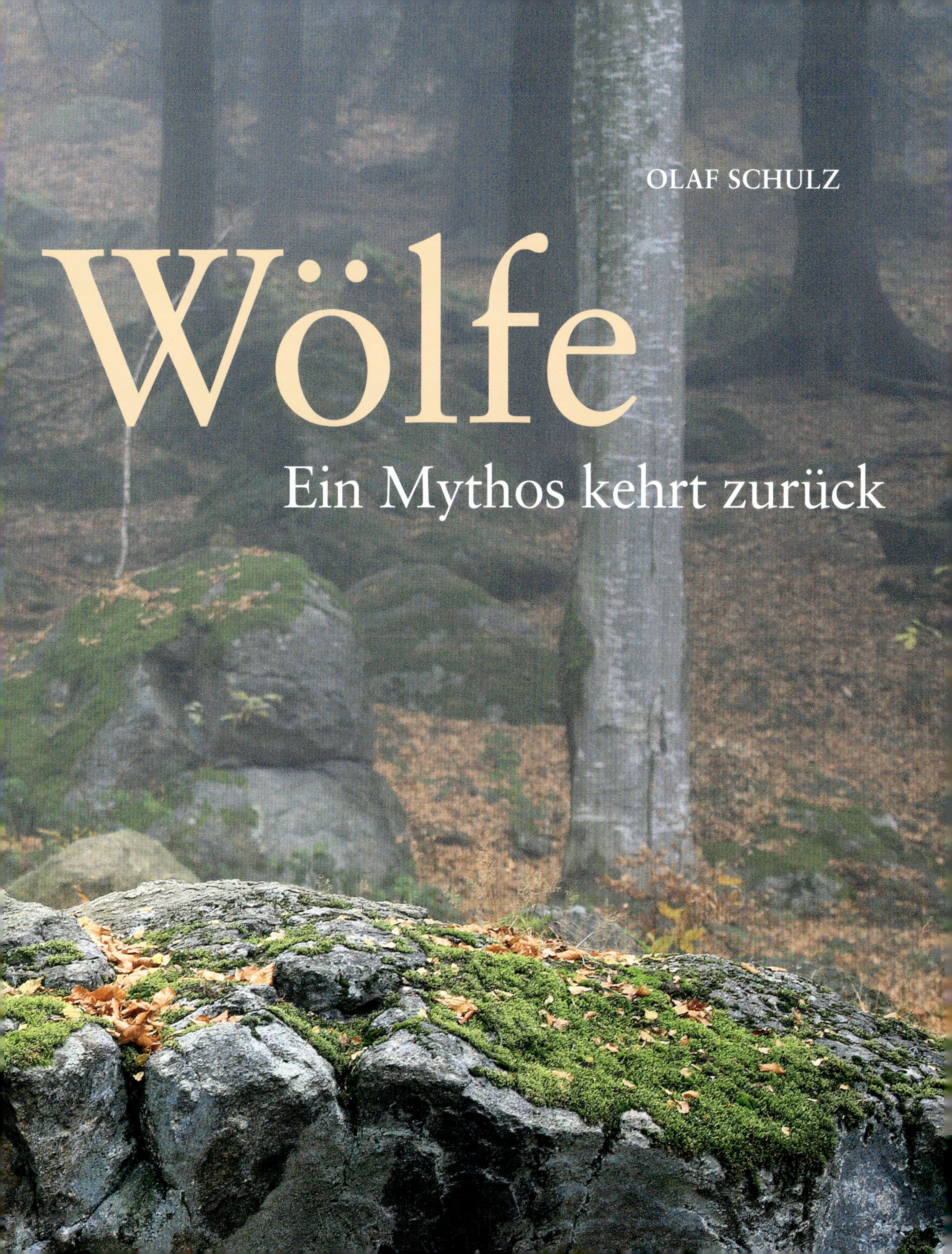

Inhalt

Was in diesem Bildband zu sehen und zu lesen ist

Kaum ein anderes Tier, das je in Deutschland lebte, hat die Menschen derart fasziniert wie der Wolf. Seit Jahrtausenden zieht dieses wunderbare Geschöpf den Menschen in seinen Bann. Und das nicht nur hierzulande, sondern rund um die Erde. Doch gerade in Deutschland hat der Wolf tiefe Spuren in der Geschichte hinterlassen. Er war in grauer Vorzeit Zeitgenosse und Weggefährte von Neandertalern, Kelten und Germanen, wo er als Freund und Mitgeschöpf nicht nur geachtet und respektiert, sondern sogar geliebt, ja verehrt wurde.

Das wandelte sich freilich im »finsteren Mittelalter«, als der Wolf plötzlich zum Erzfeind des Menschen erklärt und über Jahrhunderte hinweg in einem regelrechten Vernichtungsfeldzug praktisch bis auf das letzte Tier ausgerottet wurde.

Später, in der Neuzeit im frühen 19. Jahrhundert, spielten die Gebrüder Grimm eine traurige Rolle in der Wolfsgeschichte. Sie ahnten wohl nicht, dass ihre Märchen »Rotkäppchen und der Wolf« und »Der Wolf und die sieben Geißlein«, um nur die zwei berühmtesten zu nennen, dem seinerzeit ohnehin schlechten Ruf des Wolfes noch weiter abträglich waren. Doch wie bei so manchen spannenden Geschichten, die sich vom Guten zum Bösen wandeln, dann aber doch schließlich ein versöhnliches Ende nehmen, hat es das Schicksal auch mit dem Wolf gut gemeint. Denn er ist wieder da und dorthin zurückgekehrt, wo er schon vor Jahrtausenden durch die Wälder streifte und jedes Jahr seine Jungen aufzog. Allerdings sorgte das vor 40.000 Jahren, als er noch in großer Zahl mit den Neandertalern zusammen in den Wäldern lebte, in keinster Weise für Aufsehen. Ganz anders um die Wende zum 21. Jahrhundert, als wieder ein »echtes« Wolfsrudel in der Lausitz auftauchte, ganz im Osten Deutschlands. Wie ein Lauffeuer verbreitete sich damals die spektakuläre Kunde über sämtliche Medien: dass in unserer hochindustrialisierten und vom Menschen so »kultivierten« Landschaft sich jenes Tier wieder zu Hause fühlt, das wohl den absoluten Inbegriff der Wildheit und Wildnis verkörpert – der Wolf.

Nun hat es das Schicksal wohl so gewollt, dass ich nicht nur von Kindesbeinen an ein großer Wolfsfreund bin, sondern sogar im »Lausitzer Wolfsland« leben darf. Immerhin streifen seit Jahren zwei einsame Wölfe kaum zwanzig Kilometer östlich von meinem Wohnort entfernt durch die Niederlausitzer Wälder. Auch spektakuläre Beobachtungen von durchziehenden Wölfen, wie beispielsweise im Jahr 2008 in der Bad Liebenwerdaer, Annaburger und Rochauer Heide, werden hier seit einiger Zeit immer wieder gemacht. Im selben Jahr konnte sogar im etwa 500 Kilometer westlich der Niederlausitz liegenden Reinhardswald ein Wolf nachgewiesen werden. Sogar in Norddeutschland, nahe dem niedersächsischen Ort Unterlüß, wurde Mitte 2006 ein Wolf beobachtet. Und in den Tiefen des Bayerischen Waldes hat man im Winter 2004/2005 Spuren vom Wolf entdeckt. Es zeichnet sich also mittlerweile eine »gesamtdeutsche« Entwicklung der Wölfe ab, mit zurzeit (Stand Februar 2010) sieben Wolfsrudeln.

Besonders erfreulich ist, dass es seit Anfang Februar 2009 nicht allein um die berühmten mittlerweile sechs Rudel der Lausitzer Wolfsregion geht, sondern auch um eine völlig neu entstandene bzw. noch im Entstehen begriffene »Wolfsregion Fläming«. Die Grundlage hierzu bildete ein vermutlich aus der Lausitz eingewandertes Rudel, das sich inzwischen im östlichen Sachsen-Anhalt in der Region des Truppenübungsplatzes bei Altengrabow angesiedelt hat.

Die Wolfsbesielung in Deutschland ist also nicht mehr auf die Lausitz beschränkt, sondern entwickelt sich zu einem ostdeutschen und in wenigen Jahre hoffentlich gesamtdeutschen Phänomen. Und das trotz mancherlei erbitterter Anfeindungen einiger »ewig gestriger« Jäger, die auch heute noch, trotz strengsten Schutzes, Wölfe illegal – und zwar in großer Zahl – töten (darunter auch den ersten »Rudelboss« des Altengrabower Rudels). Etwa ein Dutzend Wölfe sind nach der Wende illegal geschossen worden.

Trotz des Umpackens der Schnauze zeugt dieses Bild von einem harmonischen Miteinander unter Wölfen.

Die Dunkelziffer dürfte sogar noch höher liegen, wie der Präsident des Landesumweltamtes, Prof. Matthias Freude, im Sommer 2009 sagte. Mehr zu diesen äußerst traurigen Fakten finden Sie im zweiten und im vierten Kapitel dieses Buches.

Sie, liebe Leser, werden in diesem Buch alle interessanten Neuigkeiten und Entwicklungen zur Rückkehr der Wölfe nach Deutschland erfahren und darüber hinaus alle interessanten Fakten zu Geschichte, Mythos, Biologie und Schutz der Wölfe, untermalt mit vielen spektakulären, zum Großteil erstmals hier gezeigten Bildern.

Möge das vorliegende Werk einen Beitrag dazu leisten, die sich bis heute hartnäckig haltenden, dabei aber völlig unzutreffenden Vorurteile gegenüber dem Wolf weiter abbauen zu helfen. Denn es ist tatsächlich möglich, dass Wölfe und Menschen auch in unserer modernen Welt friedlich miteinander leben – so, wie es einst bei den Germanen des alten Europa und auch bei den nordamerikanischen Indianern der Fall war. Von den Vertretern dieser längst vergangenen Zeitepochen können wir, die Zeitgenossen des frühen 21. Jahrhunderts, tatsächlich viel lernen: nämlich das Mitgeschöpf Wolf zu achten, zu respektieren und zu schützen.

Ich freue mich, dass ich nunmehr den vierten Bildband zusammen mit dem blv-Verlag verwirklichen kann, und wünsche Ihnen viel Freude bei der Entdeckungsreise ins Reich der Wölfe.

Olaf Schulz

Entwicklungsgeschichte des Wolfes

Nach dem Saurier kam der Wolf

Die Geschichte des Wolfes könnte man ganz kurz mit sieben Wörtern beschreiben: verehrt, verkannt, verleumdet, verhasst, verfolgt, ausgerottet – und wiedergekehrt. Doch diese faszinierende Erfolgsgeschichte wäre wohl nie möglich gewesen, wenn nicht zuvor – nämlich vor etwa 65 Millionen Jahren – die Dinosaurier die Bühne dieser Welt für immer verlassen und damit auch den evolutionären Weg für den Wolf geebnet hätten.

Der verheerende Einschlag des Meteoriten, der sich im heutigen Mexiko an der Nordküste der mexikanischen Halbinsel Yucatán ereignete, verursachte nicht nur eine gewaltige Explosion. In der weiteren Folge wurde die Erde von einer hohen Flutwelle überrollt, Unmengen an Staub wurden in die Atmosphäre geschleudert und verdunkelten die Sonne. Der amerikanische Wissenschaftler William Bottke und seine Kollegen vom Southwest Research Institute im US-Bundesstaat Colorado haben im Jahr 2007 sogar die interessante Vorgeschichte dieses gigantischen Crashs berechnet.

Ein urgewaltiger Crash

Ihren Forschungen zufolge kollidierten vor 160 Millionen Jahren zwei riesige Gesteinskörper im Asteroidengürtel unseres Sonnensystems. Bei dieser gewaltigen Kollision prallte ein Asteroid von rund sechzig Kilometer Durchmesser mit fast 11.000 Kilometern pro Stunde auf einen anderen Asteroiden von 170 Kilometer Durchmesser.

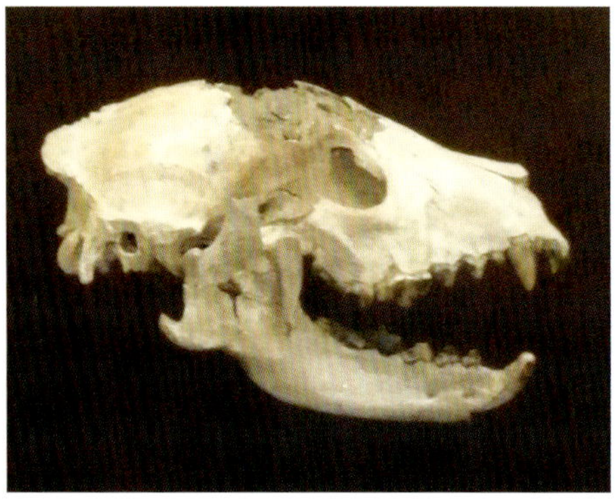

Der Schädel des *Tomarctus* ist ein wichtiger und kostbarer fossiler Fund.

Durch den gigantischen Zusammenstoß entstanden etwa 300 Bruchstücke von mehr als zehn Kilometer Durchmesser und 140.000 weitere Brocken von mehr als einem Kilometer Größe, berichteten die Forscher im Wissenschaftsmagazin »Nature«.

Einer der Brocken mit etwa zehn Kilometer Durchmesser schlug nach einer langen, etwa hundert Millionen Jahre währenden Reise vor 65 Millionen Jahren mit unglaublicher Kraft auf der Erde auf. Die Folgen dieses Einschlags, so vermuten die Forscher, verursachten einen abrupten Klimawandel und führten so zum Aussterben der Dinosaurier. Doch nicht nur diese Giganten gingen zugrunde. Die Verdunklung der Sonne hatte zur Folge, dass die Temperatur rapide sank und das mangelnde Licht unzählige Pflanzen absterben ließ. Dies wiederum führte zu einem verheerenden Massensterben, bei dem etwa fünfzig Prozent aller Pflanzen- und Tierarten für immer verschwanden.

Wölfe erobern den Planeten

Das jähe Ende der Dinosaurier läutete aber eine neue Epoche ein, die sich über fast zehn Millionen Jahre hinzog und letztlich die entwicklungsgeschichtliche Urzelle des Wolfes war. Denn vor etwa 54 bis 38 Millionen Jahren kam eine Gruppe fleischfressender Säuger auf, die sich durch ein gemeinsames Merkmal grundsätzlich von anderen Beutegreifern unterschied: durch den Besitz von vier Fangzähnen. Ihre Entwicklungsgeschichte lässt sich heute anhand fossiler Gebissüberreste gut rekonstruieren. Nun nahmen diese landbewohnenden Carnivoren (Fleischfresser) im Laufe der Evolution eine unterschiedliche Entwicklung. Es kam zur Aufspaltung in Bärenartige (Ursiden), Kleinbärenartige (Procyoniden), Katzenartige (Feliden), Schleichkatzenartige (Viverriden), Marderartige (Musteliden) sowie Hundeartige (Caniden).

Vor etwa 15 Millionen Jahren betrat dann der direkte Vorfahre aller Caniden die Bühne der Naturgeschichte: *Tomarctus*. Dieser Stammvater unseres Wolfes lebte im heutigen Nordamerika. Und 13 Millionen Jahre später – also vor etwa zwei Millionen Jahren – entwickelte sich die Familie der Caniden (lateinisch *canis* = Hund), zu der Schakale, Füchse, Hyänen und schließlich auch die Wölfe zählen.

Zu den häufigsten Caniden der Erde zählt der Rotfuchs, der kleine Vetter des Wolfes.

Die Arten und Unterarten des Wolfes

Von der Gattung Canis (»Echte Hunde«) leben gegenwärtig weltweit noch folgende sieben Arten:

- Äthiopischer Wolf *(Canis simensis)*
- Goldschakal *(Canis aureus)*
- Grauwolf *(Canis lupus)*
- Kojote *(Canis latrans)*
- Rotwolf *(Canis rufus)*
- Schabrackenschakal *(Canis mesomelas)*
- Streifenschakal *(Canis ausdustus)*

Allerdings zählt der Grauwolf, mit dem wir uns in diesem Buch befassen, nicht zu den entstehungsgeschichtlich ältesten Arten. Das sind die drei Schakalarten – Streifenschakal, Schabrackenschakal und Goldschakal.

Zu den jüngeren Canis-Arten gehören der Äthiopische Wolf *(Canis simensis)*, der Rotwolf *(Canis rufus)*, der Kojote (auch Präriewolf, *Canis latrans)* und schließlich der Grauwolf *(Canis lupus)*.

Von den beiden Letztgenannten wird angenommen, dass sie sich vor rund einer Million Jahren gespalten haben, als Wölfe von Eurasien nach Nordamerika einwanderten. Beim heute stark in seinem Bestand gefährdeten Rotwolf vermutet man, dass er auf eine kleinere Unterart des Grauwolfs zurückgeht. Er besiedelte einst große Teile des östlichen Nordamerika. Heute ist sein Verbreitungsgebiet stark reduziert oder ganz verschwunden.

Der Arabische Wolf dringt bis in die Wüsten Nordafrikas vor. Es ist eine von den 13 heute noch lebenden Unterarten des Wolfes.

Rätselhafter Rotwolf

Nach wie vor herrscht Uneinigkeit darüber, ob der Rotwolf wirklich eine eigenständige Art ist. Er wurde lange als Unterart des Grauwolfs angesehen und erst 1968 in der zoologischen Fachwelt als eigenständige Art aufgeführt. Zu Irritationen kam es, als 1991 genetische Untersuchungen belegten, dass alle Rotwölfe Genmaterial von Grauwölfen *(Canis lupus)* und Kojoten *(Canis latrans)* in sich tragen, was zu der Annahme führte, dass der Rotwolf eine Kreuzung (Hybride) aus Grauwolf und Kojote ist. Da im Genom der Rotwölfe noch keine individuellen Teile gefunden wurden, die sie als eigene Art charakterisieren würden, lag diese »Hybrid«-These nahe.

Um als eigene Art zu gelten, muss nach offizieller Lehrmeinung ein Tier über einzigartige genetische Merkmale verfügen. Doch das bisher erforschte Genom der Rotwölfe kommt eben auch bei Wölfen oder Kojoten vor. Möglicherweise ist die Ursache für diese Entdeckung ein seltsames Verhalten, das man beim Rotwolf seit etwa Anfang des 20. Jahrhunderts beobachtet: das Verpaaren mit Wölfen und Kojoten. Dass Rotwölfe durch die extreme Gefährdung ihrer Art und in Ermangelung eines arteigenen Partners

Am wohlsten fühlt sich der Polarwolf im Winter, umgeben von Schnee und Eis.

Paarungen mit Wölfen und Kojoten einzugehen, scheint zwar plausibel, ist aber dennoch nur wieder eine vage These für diese sonderbare Verhaltensweise.

Erkenntnisse dank genetischer Revision

Auch die Unterartengliederung des Wolfes ist bis heute umstritten und mutet bisweilen etwas willkürlich an. So kursieren nach wie vor in der weiten Welt der Literatur und des Internets und selbst in der Fachliteratur Angaben über bis zu 40 Unterarten. Dabei brachte die genetische Revision der Unterarten des Wolfes (Mitochondrial-DNA-Methode), die seit 1985 läuft, Licht ins Dunkel. Nach dem letzten Stand der Forschung gilt die Einteilung in die nachfolgend aufgelisteten 13 lebenden und zwei ausgestorbene Unterarten:

Ägyptischer Wolf *(Canis lupus lupaster)*
Arabischer Wolf *(Canis lupus arabs)*
Büffelwolf *(Canis lupus nubilus)*
Eurasischer Wolf *(Canis lupus lupus)*
Hokkaido-Wolf *(Canis lupus hattai)* †
Honshu-Wolf *(Canis lupus hodophillax)* †
Indischer Wolf *(Canis lupus pallipes)*
Italienischer Wolf *(Canis lupus italicus)*
Kaspischer Wolf *(Canis lupus cubanensis)*
Mackenzie-Wolf *(Canis lupus occidentalis)*
Mexikanischer Wolf *(Canis lupus baileyi)*
Polarwolf *(Canis lupus arctos)*
Russischer Wolf *(Canis lupus communis)*
Timberwolf *(Canis lupus lycaon)*
Tundrawolf *(Canis lupus albus)*

Die Situation der heute bekannten Unterarten des Wolfes ist zum Teil sehr schwierig oder sogar völlig ungewiss. Bei den beiden japanischen Unterarten *Canis lupus hodophillax* und *Canis lupus hattai* steht fest, dass sie bereits ausgestorben sind. Ein aktueller Nachweis der Existenz des in Nordafrika heimischen Ägyptischen Wolfs *(Canis lupus lupaster)* und des im Jemen und in Oman vorkommenden Arabischen Wolfs *(Canis lupus arabs)* ist nicht vorhanden.

Beide Arten sind in jedem Fall hochgradig vom Aussterben bedroht, was die Einheimischen jedoch nicht davon abhält, zumindest den Arabischen Wolf als vermeintlichen Schädling zu verfolgen. Es ist schwer zu fassen, dass man diesen einzigartigen, wundervollen und intelligenten Geschöpfen offensichtlich bis auf das letzte Tier nachstellt und die akute Gefahr ihrer endgültigen Ausrottung billigend in Kauf nimmt, so wie es bei den vorgenannten beiden japanischen Unterarten bereits traurige Realität ist.

Phänomenaler Urzeitwolf entdeckt

Dass eine ausgestorbene Wolfsart allerdings sogar für Entzücken sorgen kann, bewiesen die spektakulären Funde, die Forscher im Sommer 2007 in Alaska machten. »Urzeitwolf mit Supergebiss« titelte ein großes Magazin. Und tatsächlich: Die rund 12.000 Jahre alten Skelette einer ausgestorbenen, bislang unbekannten eigenen Wolfsart legen die Vermutung nahe, dass sich die »Urzeitwölfe« von Mammuts und Bisons ernährten. Seine vergleichsweise riesigen Opfer erlegte der geschickte Jäger mit seinem außergewöhnlich kräftigen Kiefer.
Dabei scheute der mächtige Räuber bei seinen Angriffen keine Verluste, denn an den harten Knochen seiner Mahlzeiten hat er sich oft buchstäblich die Zähne ausgebissen. Absurderweise unterstellte ein renommiertes Magazin, das damals über die Entdeckung berichtete, dem Urzeitwolf völlig zu Unrecht, seine Beutetiere mit seinem »Gierschlund« selbst ausgerottet zu haben und in der Folge dann selbst ausgestorben zu sein. Derart haarsträubende Thesen werden leider auch heute noch immer in den Medien verbreitet. Sie tragen nicht zur Aufklärung des »Phänomens Wolf« bei, sondern zur weiteren Diffamierung des prachtvollen Tieres, wie wir es seit Jahrhunderten nicht anders kennen.

Wie aus dem Wolf ein Hund wurde

Die wohl brennendste Frage, die sich Abermillionen von Hundefreunden wahrscheinlich schon einmal gestellt haben, ist die nach der Herkunft des »Ur-Hundes«, also jenem mythenumwitterten Geschöpf, aus dem die mittlerweile Hunderte von Hunderassen allesamt hervorgegangen sind. Doch diese Frage wird genauso unbeantwortet bleiben müssen wie die nach dem genauen Wo und Wann der Haushund entstanden ist und wie er sich dann über die Erde verbreitet hat.
Am weitesten gehen nach wie vor die Lehrmeinungen zum »Wann« auseinander: So gibt es neuere Berechnungen, wonach sich der Domestikationszeitraum zwischen 135.000 und 125.000 v. Chr. erstreckt haben könnte.

Der Ur-Hund ist zehnmal älter

Eine aktuelle genetische Studie, die in der Zeitschrift »Science« veröffentlicht wurde, geht nun nach einer Erbgutanalyse von Hund und Wolf davon aus, dass der Ur-Hund tatsächlich eine reine Unterart des Wolfes ist (was einige Forscher angeblich schon lange wussten) und bereits vor 135.000 Jahren entstand. Damit wäre der Ur-Hund um ein Vielfaches älter als bislang angenommen. Denn die bisherige Erkenntnis war die, dass der domestizierte Wolf bzw. heutige Haushund sich vor circa 14.000 bis 47.000 Jahren aus mehreren Wolfspopulationen Eurasiens entwickelt hat.
Doch gerade die letztgenannte, »überholte« These schien durch einen spektakulären Fund eines Hundeskeletts in einem Doppelgrab eines etwa fünfzigjährigen Cro-Magnon-Mannes und einer zwanzig- bis 25-jährigen Frau in Oberkassel bei Bonn neue Nahrung zu bekommen. Denn das Alter des Skeletts betrug tatsächlich 14.000 Jahre; der Beweis für die altsteinzeitliche Variante steht also noch aus und könnte erst durch den Sensationsfund eines Ur-Hunde-Skeletts wirklich zweifelsfrei erbracht werden.
Als sicher gilt heute, dass anhand der mitochondrialen DNA (derjenigen DNA, die nur über die weibliche Linie weitergegeben wird) alle Hunde auf eine Stammmutter zurückgehen. Wie oft männliche Wölfe diese Linie kreuzten, lässt sich nicht genau feststellen. Wahrscheinlich geschah dies immer wieder und an mehreren Orten.
Für internationales Aufsehen sorgte in diesem Zusammenhang Dr. Robert K. Wayne, Evolutionsbiologe an der Universität von Kalifornien, mit seinen Forschungen zum Thema. Er gebrauchte ein Verfahren, das »mitochondrial sequencing« genannt wird und dazu dient, das Genom oder die DNA-Sequenz der Mitochondrien heranzuziehen, um die evolutionäre Verwandtschaft von vor Kurzem entwickelten Lebensformen nachzu-

Auch einem Terrier – selbst von ihm gibt es mittlerweile unzählige »Unterarten« – sieht man nicht wirklich an, dass er vom Wolf abstammt. Er ist vielmehr eine »menschgemachte« Karikatur desselben.

weisen. Nach der Auswertung der Mitochondrien-DNA von 140 Hunden (aus 67 Rassen, dazu fünf Bastarde), 162 Wölfen, fünf Kojoten und zwölf Schakalen konnte er zweifelsfrei nachweisen, dass die Sequenzen von Wolf und Hund weitgehend übereinstimmen. Dabei betrug die Abweichung der Werte nur durchschnittlich anderthalb Prozent, während die Abweichung zwischen Hunden und Kojoten, den nächsten engen Verwanten des Hundes, gegen sechs Prozent betrug. Somit gilt der Wolf als Stammvater des Hundes also als sicher.

Vom wilden Wolf zum zahmen Haushund

Darüber, wie die ersten Kontakte zwischen Wolf und Mensch aussahen, lässt sich natürlich nur spekulieren. Wahrscheinlich haben die Wölfe zunächst die Nähe des Menschen gesucht, weil dort vielleicht Reste von Jagdbeute für sie übrig blieben. Vermutlich entwickelte sich dann eine Art »Symbiose«, bei der beide Seiten ihren Vorteil hatten. Möglicherweise wurden hin und wieder einmal verwaiste Wolfswelpen von Menschen aufgezogen, worauf erste Selektionen erfolgten: Die Wölfe, die leicht zähmbar waren, durften bleiben, die anderen wurden verjagt oder gar getötet.

Im Laufe der Zeit bekamen dann die zahmen Wölfe in der Umgebung der Menschen ihren Nachwuchs, und es begann eine zielgerichtete Zucht auf die charakterlichen Merkmale hin, die den Menschen gefielen. So wurde aus dem wilden Wolf im Laufe unzähliger Generationen dann schließlich irgendwann ein zahmer (Haus-)Hund.

»Jämmerliche Wolfskopien«

Blicken wir in die Gegenwart, dann ist es bisweilen erschreckend, was der Mensch in seinem Bestreben nach immer neuen Hunderassen aus dem so faszinierenden Urvater gemacht hat. Unter den heute schätzungsweise 800 Hunderassen weltweit gibt es einige, denen man gar nicht mehr ansieht, dass es überhaupt Hunde sind. Es sind sogenannte Qualzuchten, bei denen den armen Vierbeinern z. T. das Fell ganz weggezüchtet oder die Fläche desselben derart »vergrößert« wurde, dass es aussieht, als steckten die Tiere in einer sieben Nummern zu großen, zusammengeschobenen »Felljacke«. Die Haut liegt buchstäblich in Falten. Schlimm erging es auch dem kleinsten aller Hunde, dem Chihuahua: große Augen, zarter Körper und offensichtlich ständig frierend. Mit einem Gewicht von meist unter 1 kg sind diese bemitleidenswerten Wesen nicht einmal halb so schwer wie eine normale Hauskatze.

Hier maßen sich Züchter an, Gott zu spielen. Aber im Gegensatz zu dem wahren Schöpfer, der den Wolf als vollkommenes Wesen geschaffen hat, an dem nichts nachzubessern wäre, kreieren die zweibeinigen »Schöpfer« deformierte und verkrüppelte »Designobjekte«, deren Gesundheit und Überlebensfähigkeit auf der Strecke bleibt (für Katzen gilt übrigens das Gleiche). Durch ein Gutachten, das das Bundeslandwirtschaftsministerium nun erstellen ließ, wird das Thema Qualzucht – die laut Tierschutzgesetz seit 1986 ohnehin verboten ist – hoffentlich bald der Vergangenheit angehören.

Das Wolfsbild einst und jetzt

Der Wolf bei Neandertalern, Kelten und Germanen

Das Heulen eines Wolfsrudels gehörte vor 50.000 Jahren zum alltäglichen bzw. allabendlichen vertrauten Naturkonzert in den tiefen Urwäldern des alten Europa. Und es waren auch schon Menschen da, die diesen mystischen Lauten lauschen konnten: die Neandertaler. Für den weltberühmten »Urmenschen«, dessen Skelett im August 1856 in der Kleinen Feldhofer Grotte im Neandertal bei Düsseldorf-Mettmann in Nordrhein-Westfalen entdeckt wurde, war es gewiss noch ganz normal, dem Wolf regelmäßig zu begegnen, ja den Lebensraum mit ihm zu teilen. Da Neandertaler und Wolf auf nahezu dieselbe Beute Jagd machten, kam es zwangsläufig sicher auch zu erbitterten und blutigen Auseinandersetzungen. Der Kampf Mensch gegen Wolf dürfte also bereits vor über 50.000 Jahren seinen Anfang genommen haben.

Neandertaler und Wölfe liebten Fleisch

Kaum vorstellbar, dass bei diesen beiden vermeintlich so gegensätzlichen »Großsäugern« der Speiseplan nahezu identisch war. Denn bei beiden Arten kam nach heutigem Wissensstand zur Mahlzeit fast ausschließlich – zu etwa neunzig Prozent – Fleisch »auf den Tisch«.

Forscher sahen schon lange deutliche Parallelen zwischen den Ernährungsgewohnheiten von Wolf und Urmensch. Jetzt hat eine Isotopen-Untersuchung an dem im Rheinischen Landesmuseum Bonn aufbewahrten Urmenschen-Fossil diese Vermutung bestätigt; Ralf W. Schmitz, der Leiter des Neandertaler-Forschungsprojekts, berichtet Entsprechendes.

Zur großen Überraschung der Wissenschaftler verschmähte der rheinische Neandertaler allerdings offenbar Fisch, obwohl dieser im Rhein-Nebenfluss Düssel in damals noch großer Artenanzahl vorhanden war.

Der vor 35.000 Jahren ausgestorbene Neandertaler teilte diesen einseitigen Speiseplan mit seinen europäischen Artgenossen. Das ergaben die Untersuchungen der Knochen von acht Neandertalern aus der Zeitspanne von rund 100.000 Jahren, die zwischen Frankreich und Kroatien gefunden wurden. Alle erwiesen sich als extreme Fleischesser, deren Ernährungsgewohnheiten mit denen fleischfressender Tiere – etwa Wölfen – zu verglei-

Vorhergehende Doppelseite: Wölfe sind soziale Tiere und haben eine sehr differenzierte Körpersprache.

Schon früh machten sich die Neandertaler den Wolf zunutze, indem sie u. a. das dichte Fell für ihre Kleidung verwendeten.

chen seien. Mit der jüngsten Forschungsarbeit lägen nun erstmals auch Daten zur Ernährung des Neandertalers aus dem Norden Mitteleuropas vor, sagt Prof. Michael P. Richards vom Max-Planck-Institut für Evolutionäre Anthropologie in Leipzig. In die Untersuchung mit einbezogen war auch das erst 1997 entdeckte Skelettteil (ein Armknochen) eines zweiten Neandertalers von der historischen Fundstätte. Anhand der Isotopen-Daten von Stickstoff und Kohlenstoff in den Knochen, die mit den Werten fleisch- und pflanzenfressender Tiere verglichen werden, erhält man Auskunft über die Ernährungsweise der letzten Lebensjahre.

Der Winter war für die Frühmenschen eine harte Zeit. Wölfe dagegen fanden zu dieser Jahreszeit optimale Bedingungen für die Beutejagd.

Jäger mit ungleichen Waffen

Dass der Neandertaler grunzend und mit schwerfälligem Gang durch die Urwälder Europas zog, ist ein Mythos, der sicher noch in vielen Köpfen moderner Menschen existiert. Doch die in der altsteinzeitlichen Phase des Mittelpaläolithikums (vor etwa 115.000 bis 35.000 Jahren) lebenden Steinzeitmenschen waren viel weiter entwickelt als weithin angenommen. Sie waren maximal 1,60 Meter groß und hatten einen robusten, muskulösen Körperbau mit sehr massiven und in Unterarm und Oberschenkel gebogenen Extremitätenknochen. Dies machte sie tatsächlich bisweilen zum Konkurrenten des Wolfs, hatten doch beide das beinahe identische Beutespektrum – wenngleich ein ausgewachsenes Mammut natürlich von keinem noch so großen Wolfsrudel zu erlegen war. Überschneidungen bei der Jagd liegen dagegen bei Tieren wie Damhirsch und Bergziege nahe, die sowohl bei den vier- als auch bei den zweibeinigen Jägern zur bevorzugten Beute gehörten.

Gemeinsamkeiten gab es bei der Jagd auch hinsichtlich der Taktik. Denn ein großes Beutetier konnte nur in der Gruppe und mit vereinten Kräften zur Strecke gebracht werden. Die Waffen der beiden »Kampfgruppen« waren freilich völlig gegensätzlich. Während sich die Wölfe auf ihr kräftiges Gebiss verlassen mussten, nutzten die Steinzeitjäger bereits Werkzeuge: Stoßlanzen und Wurfspeere. Damit jagten sie im Flachland vor allem die in Herden auftretenden Wildpferde. Anders ihre Zeitgenossen in den Alpen, im Kaukasus und in anderen Gebirgslandschaften; diese stellten bis in Höhen von etwa 2000 m ü.d.M. Höhlenbären nach. Und im Flusstal des großen europäischen Stromes Dnjestr (Ukraine) erlegten die Neandertaler überwiegend Mammute, die etwa von 250.000 bis 10.000 v. Chr. existierten.

Urzeitliche Kochkunst

Die problematische Frage, wie das rohe Fleisch beschwerdefrei verdaut werden kann, stellte sich freilich nur den zweibeinigen Jägern.

»Garen« hieß das Zauberwort. Wie wir heute wissen, beherrschten die Neandertaler bereits das Feuermachen. Lange vor ihnen hatten schon ihre Vorfahren gelernt, das auf natürliche Weise durch Blitzschläge oder Waldbrände entstandene Feuer zu nutzen. Oder man entfachte es selbst, indem man einen Feuerstein und einen eisenhaltigen Markasit-Stein, zusammenschlug, dann die sich lösenden glühenden Funken schnell auf einem Zunderpilz legte und diese dann so lange anbließ, bis die ersten Flammen züngelten.

Interessante archäologische Belege für solche »Urzeitküchen« fand man im Netzetal bei Edertal-Buhlen (Hessen). Dort nutzten vor 50.000 Jahren Neandertaler eine Feuerstelle zur Verwertung ihrer Beute. In Könnigsaue (Sachsen-Anhalt) konnte in der Nähe eines Sees sogar ein noch 5000 Jahre älterer Platz nachgewiesen werden, an dem man u. a. Knochenreste von Wildpferden, Wisenten, Fellnashörnern und Mammuten fand.

In der Baumannshöhle – eine der beiden berühmten Rübeländer Tropfsteinhöhlen – steht ein selten gut erhaltenes fossiles Skelett eines Höhlenbären.

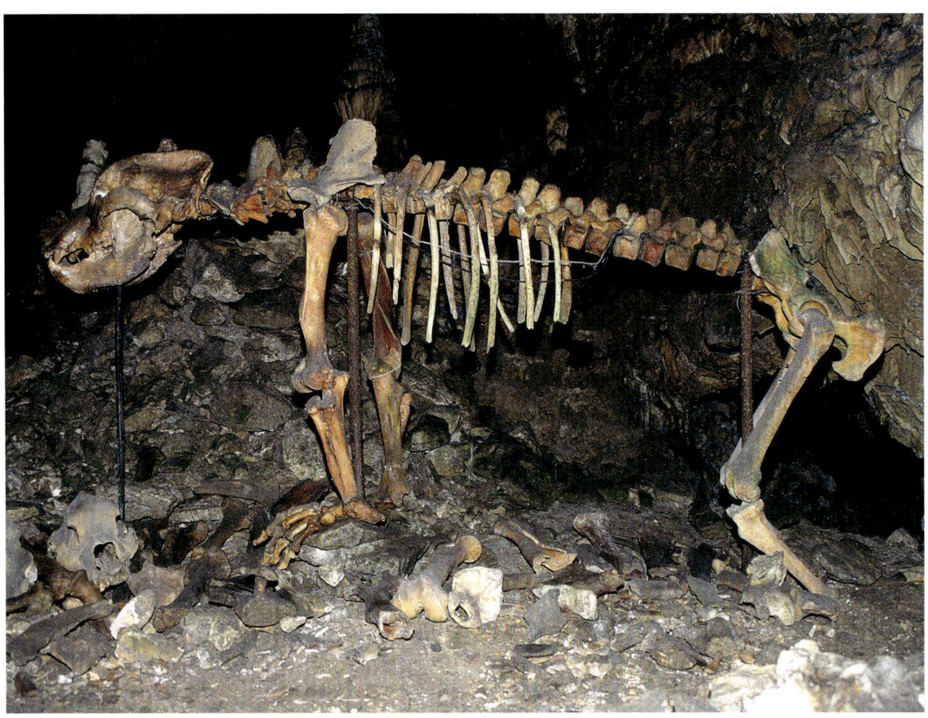

Wolfsknochen als Schmuckstück

Es ist bekannt und wissenschaftlich erforscht, das Neandertaler auch Höhlenbären *(Ursus spelaeus)* jagten, obschon leichtere Beute im Übermaß vorhanden war. Sie setzten dem mächtigen Tier (sicher unbewusst) sogar ein Denkmal: 1931 wurden in der Vogelherdhöhle der Schwäbischen Alb bei Ausgrabungen spektakuläre Funde von Kunstwerken aus der Aurignacien-Zeit entdeckt – neben zehn weiteren Tierplastiken eine vor 30.000 bis 40.000 Jahren entstandene Elfenbeinplastik eines Höhlenbären sowie das im gleichen Zeitraum geschaffene bis dato älteste Kunstwerk der Welt: eine aus Mammutelfenbein geschnitzte Mammutfigur.

Besonders große Raritäten sind Kunstwerke oder Schmuckstücke aus Knochen, noch dazu, wenn sie vom Wolf stammen. Ganz in der Nähe der vorgenannten Vogelherdhöhle liegt ca. 50 m über der Talsohle des Lonetals die Höhle Bocksteinschmiede, einer der ältesten Besiedlungsplätze in Süddeutschland. Bei mehreren Grabungen zwischen 1873 und 1956 machte man hier neben Werkzeugen aus der Mittel- und Jungsteinzeit und Skeletten einer Frau und eines Säuglings einen ganz außergewöhnlichen Fund: einen durchbohrten Schwanzwirbel vom Wolf und ein anderes durchbohrtes Knochenstück vom Wolf aus der Zeit zwischen 50.000 bis 70.000 v. Chr. Dieses sehr seltene Artefakt dokumentiert, dass manche Neandertaler bereits Anhänger als Schmuck trugen.

Ein weiterer bedeutender Fund prähistorischer Wolfsknochen gelang in der neolithischen Moorsiedlung am Südufer des Dümmers (Niedersachsen). Darunter befand sich ein durchbohrtes und pfeilspitzenartig geschnitztes Knochenstück.

Spannend bleibt die Frage, wie die »kunstliebenden« Urzeitler in den Besitz dieser Knochen gekommen sind. Haben sie einen Wolf extra dafür getötet, oder nutzten sie nur gefundene Skelettreste?

Ur-Wölfe in der Steinzeitkunst

Einige der weltweit ältesten Caniden-Darstellungen sind die paläolithischen Malereien in der französischen Höhle von Lascaux, die am 12. September 1940 von vier Jugendlichen auf der Suche nach ihrem verschollenen Hund entdeckt wurde. Die Malereien sind die ältesten bekannten abbildenden Kunstwerke der Menschheitsgeschichte überhaupt und im Magdalénien, also etwa zwischen 17.000 und 15.000 v. Chr., erstellt worden. Neben den Ur-Wölfen zeigen sie ungewöhnlich realistische Abbildungen von größeren Wildtieren wie Auerochsen, Wildpferden, Hirschen, Steinböcken und Wollnashörnern, die zu dieser Zeit lebten. Ihre scheinbar planlose Abfolge, ihre unterschiedliche Größe, das Fehlen jeglicher Landschaftsbezüge (Boden, Pflanzen) lassen eher auf eine rituelle Darstellung als auf eine erzählerische Bildsprache schließen. Auch die geometrischen Zeichen und die geheimnisvollen Zeichnungen (Striche, Punkte, Gitter u.a.m.) sprechen dafür, dass es sich um eine Kultstätte handelte.

Insgesamt birgt die Höhle, die im Tertiär entstand, als Wasser durch die Risse im darüberliegenden Kalkstein sickerte, etwa 1500 eingravierte und über 600 gemalte Darstellungen in roten, gelben, braunen und schwarzen Farbtönen. In der großen Halle sind die Abbildungen über fünf Meter lang. Besonders spektakulär ist die Einzeldarstellung eines Mannes, der einen Stier erlegt hat.

Die künstlerischen Hilfsmittel – Zeichenkohle, Speerspitzen und Kratzwerkzeuge – wurden auf dem Boden der Höhle entdeckt. Nach Analysen mit der Radiokarbonmethode nimmt man an, dass die Höhle von etwa 15.000 v. Chr. bis 9.000 v. Chr. genutzt wurde.

Die Grotte de Lascaux zählt aufgrund der Anzahl und der Qualität ihrer Malereien zu den bedeutendsten prähistorischen Fundstätten, die je entdeckt wurden. Sie gilt als die »Sixtinische Kapelle« der Vorgeschichte und gehört inzwischen zum Weltkulturerbe der UNESCO.

In prähistorischer Zeit waren Wölfe sogar Gegenstand von Kunstobjekten.

Der Kelten Freund und Feind

Bei den frühen Kelten und nordischen Völkern galt der Wolf als ebenbürtiger Jäger und ein zu respektierender Konkurrent. Er wurde anfangs vielerorts ebenso geachtet wie gefürchtet. Man sprach ihm bestimmte Heilkräfte zu (u.a. die Selbstheilung) und betrachtete ihn – ähnlich der Romulus-und-Remus-Legende – als anderweltliche Ziehmutter diverser verwaister Kinder. Sein Fell soll wundersame Heilkräfte besessen und Kraft und Ausdauer auf den übertragen haben, der es sich um die Schultern legte. Alte Legenden berichten, dass Druiden und auch hervorragende Krieger sich gelegentlich in Wolfspelze kleideten und so ausgerüstet mutig in den Kampf zogen.

Als die Keltenstämme sesshafter wurden, wendete sich das Blatt. Der Wolf verlor an Achtung, weil er sich zunehmend als Gefahr der Viehbestände erwies. Die Ironie des Schicksals wollte es, dass der Irische Wolfshund – eine bereits von den Kelten »designte« und auf Wolfstötung programmierte Züchtung – als direkter Nachkomme des Wolfs nun seinen eigenen Stammvater jagen und töten sollte. Im Irland des ersten vorchristlichen Jahrtausends entwickelte sich der Irische Wolfshund zum schlimmsten Feind des Wolfs. In Griechenland und Zypern fand man auf Zeichnungen, die um 1000 v. Chr. entstanden, Darstellungen von Irischen Wolfshunden, die von den Kelten nach Irland gebracht werden, um dort die Wölfe zu bekämpfen.

Die antiken Griechen, Zeitgenossen der Kelten, waren übrigens auch nicht sonderlich gut auf den Wolf zu sprechen. Durch Plutarch wissen wir, dass die Athener bereits 600 v. Chr. Prämien auf Wölfe aussetzten. »Die alten Athener waren große Feinde der Wölfe, weil ihr Land besser zur Viehwirtschaft als zum Ackerbau geeignet war«, schrieb der altgriechische Schriftsteller und Philosoph in »Leben des Solon«.

Auf den weitaus größeren und vor allem positiveren mythologischen Aspekt zwischen Kelten und Wölfen werde ich im nachfolgenden Kapitel noch ausführlich eingehen.

Wolfsschonzeit in Germanien?

Über das reale, nichtmythologische Verhältnis zwischen Germanen und Wölfen hat die Geschichte uns äußerst wenig überliefert. Allerdings gibt es geradezu eine Flut von Informationen zur germanischen Mythologie des Wolfes (siehe nächstes Kapitel).

Dennoch dürfen wir annehmen, dass die Verfolgung des Wolfes zur Germanenzeit vermutlich kaum eine Rolle spielte (was sich freilich im Mittelalter kolossal ändern sollte). Und zwar aus zwei Gründen: Zum einen waren die Germanen »Jagdmuffel«; die Jagd diente ihnen eher dem Vergnügen als der Nahrungsbeschaffung. Sie mussten also nicht den Nahrungskonkurrenten bekämpfen, der ihnen das Wild »wegfraß«.

Zum Zweiten hielt sich der Fleischverzehr der Germanen – im Gegensatz zum gewaltigen Fleischkonsum der Neandertaler – überhaupt in engen Grenzen. Fleisch war wohl »teuer« und wurde nicht oft gegessen. Und für den nötigen Bedarf sorgte man selbst. Neben dem Rind, das vor allem als Milchlieferant diente, hielten die Germanen Schafe, Schweine und Ziegen. Und geschlachtet wurde erst, wenn ein Tier keine Milch mehr gab oder nicht mehr als Zuchtvieh taugte. Das Fleisch wurde gepökelt oder an der Luft getrocknet.

Statt aus Fleisch bestand die Alltagsnahrung der Germanen aus einfachem Getreidebrei aus Weizen oder Gerste, angedickt mit Wasser oder Milch. Eine Bauernfamilie brauchte für den Mittagsbrei etwa 1,5 kg Körner. Es kostete anderthalb Stunden Arbeit, diese Menge mit dem Reibstein zu zermahlen.

Obwohl die Germanen schon mittelgroße und große Hunde züchteten, die als Hirtenhunde eingesetzt wurden, dürfte es natürlich auch vereinzelt gerissene Schafe gegeben haben. Aber der Respekt und die Verehrung des Wolfes überwogen wohl – was seine spätere intensive Verfolgung und schließlich Ausrottung allerdings nur verzögern, aber leider nicht aufhalten konnte.

Auf dieser historischen Darstellung aus dem Jahre 1590 sieht man, wie Wölfe in einen Schafpferch eindringen. Im Hintergrund erkennt man den Schäferwagen mit dem entsetzt fliehenden Schäfer.

Das wolfsfeindliche Mittelalter in Deutschland

Kaum ein anderes Tier auf Erden hat man so verteufelt, so gehasst und so gnadenlos bis auf das letzte Individuum verfolgt und ausgerottet wie den Wolf. Grund dafür war sicher schlicht und einfach, dass er sich, wie bereits seit Jahrtausenden – lange bevor es überhaupt sesshafte Menschen gab – von dem Fleisch seiner Beutetiere ernähren muss. Dass diese »Beute« eben auch auf den Koppeln, Ferchen, Weiden und in den Hutewäldern zu finden war, wurde dem Wolf schließlich zum Schicksal.

Doch obschon die Bauern des Mittelalters ihre Gründe hatten, den Wolf zu verfolgen, so darf nicht vergessen werden, dass man auch Bär, Luchs, Elch und Auerochse in Deutschland ausgerottet hat, um nur einige weitere Beispiele zu nennen. Und all diese Zeit- und Leidgenossen des Wolfes – die Liste könnte man beliebig fortsetzen – richteten keinen vergleichbaren Schaden für den Menschen an. Obwohl nichts Böses nachzuweisen war, dichtete man es diesen Vierbeinern an, um sie dann ebenfalls als Schädlinge zu diffamieren, zu verfolgen und auszurotten.

All diese großen Tiere waren freilich vorwiegend in den tiefen, dunklen Wäldern zu finden und mieden den Kontakt mit den Menschen. Und dies war der alles entscheidende Unterschied zum Wolf. Er traute sich auch in die Nähe des Menschen. Und das Weidevieh stellte für ihn eine leicht zugängliche Beute dar.

Auch wenn ein Wolfsangriff auf das wertvolle Vieh eine ernste Bedrohung für viele Bauern war, hielt sich die Verfolgung zunächst noch in Grenzen, da entsprechende Mittel fehlten und die Jagd den Feudalherren vorbehalten blieb. Erst mit Beginn der offenen Viehhaltung und der Waldweide im ausgehenden Mittelalter, bei der das Vieh vollkommen ungeschützt zur Buchecker- und Eichelmast in den Wald getrieben wurde, nahmen die Nutztierverluste zu. Und bei der Bevölkerung ging zunehmend die Angst um. Doch blicken wir zunächst ins frühe Mittelalter. Hier sind die Belege für den beginnenden Kampf gegen den Wolf noch rar; meist werden in alten Chroniken die »Wolfsplagen« nur mit ein oder zwei Sätzen kurz erwähnt. Berichte darüber gibt es kaum oder gar nicht; es war scheinbar noch »kein Thema«.

Adel und Kirche schüren den Hass

Anders für einen der mächtigsten Männer der deutschen Geschichte: Karl den Großen. Bereits im Jahre 813 ließ er in jeder seiner Grafschaften zwei Luparii (Wolfsjäger) einsetzen.

Gut 300 Jahre später erging dann 1114 von der Synode in Santiago de Compostela der für den Wolf verheerende Aufruf an alle Adligen, Bauern und Priester, ja an die gesamte Christenheit, an jedem Samstag Wolfsjagden durchzuführen. Die Kirchenführung, die mit diesem unseligen Aufruf zum gezielten Töten die göttlichen Gebote brach, wollte ihr Gewissen dann wohl mit der »Einschränkung« reinwaschen, dass das blindwütige Morden vor den wichtigen christlichen Feiertagen Ostern und Pfingsten streng verboten war.

Der Hass auf den Wolf ging sogar so weit, dass man auf zeitgenössischen Darstellungen des Mittelalters und der frühen Neuzeit zeigte, wie Jesus höchstpersönlich gegen einen Wolf kämpft.

Die Krönung Karls des Großen in Rom im Jahre 800, Historiengemälde von Alfred Rethel (Krönungssaal des Aachener Rathauses, 1944 zerstört).

Auch Walther von der Vogelweide (1170 bis 1230), der als der bedeutendste deutschsprachige Lyriker des Mittelalters gilt, griff in seinem Minnelied »sîn hirte ist ein wolf worden under sînen schâfen« den Wolf als Sinnbild des Bösen auf. Freilich meinte er mit »seinem« Wolf keinen Geringeren als den damaligen Papst Innozenz III., den er in seinen beiden Opferstockstrophen scharf kritisierte. So wurde also der Wolf schon damals gerne als Sinnbild für »böse Menschen« missbraucht.

Kaiserliche Grausamkeiten

Dem Wolf eilte stets ein schlechter Ruf voraus. Dass dies meist zu Unrecht geschah, interessierte niemanden. Den Wolf galt es auszurotten, wo auch immer er aufkreuzte. Wie perfide und abscheulich dabei die Mittel sein konnten, zeigt die Aktion des Staufenkaisers Friederich II., der 1239 auf Sizilien eine Vergiftungskampagne gegen die dort lebende kleine Wolfspopulation anordnete. Während die sizilianischen Wölfe also einem qualvollen Tod ins Auge sehen mussten, erging es ihren Vettern in Deutschland nicht viel besser. Selbst die Bauern, denen im Mittelalter schon das Fangen eines Kaninchens bei Strafe verboten war, durften Wölfe straflos töten. Meist jedoch wurde die Wolfshatz sogar von Amts wegen angeordnet. So gab es bereits vor 1143 Wolfsjäger aus der Rochlitzer Gegend, die in den Wäldern des Chemnitztales eingesetzt waren. Eine Urkunde aus dem 14. Jahrhundert belegt, dass Bauern aus Altchemnitz offiziell als »Wolfsjäger« bezeichnet wurden und die getöteten Wölfe im Amt abzugeben hatten.

Schrecken der Nonnen

Wie weit und flächendeckend der Wolf Mitte des 13. Jahrhunderts in Deutschland verbreitet war, fasziniert und erstaunt bis heute. Selbst im äußersten Westen des heutigen Nordrhein-Westfalen, fast an der Grenze zu Holland, müssen noch so viele Wölfe gelebt haben, dass sie unter den Menschen »Angst und Schrecken« verbreiten konnten.

So geschehen bei den Nonnen des zum Bistum Münster gehörenden Klosters Marienborn. Zur Gründungszeit im Jahr 1230 lag es noch in Lippramsdorf in der Wildnis der Hohen Mark (heute Naturpark). Das waldreiche Gebiet war damals noch gutes Wolfsland. Doch für die Marienborner Zisterzienserinnen war das keine gute Nachricht. Sie fühlten sich offenbar von der Anwesenheit der Wölfe derart bedroht, dass sie erwirken konnten, ihr Kloster nach nur 14 Jahren von seinem ursprünglichen Standort in Lippramsdorf in die Stadt Coesfeld verlegen zu lassen. Dass wegen der Anwesenheit von Wölfen gleich ein ganzes Kloster umzieht, dürfte einmalig in der deutschen Klostergeschichte sein. Zumal Zisterzienser sich normalerweise nicht in Städten ansiedelten.

Seltsamerweise – und welche Ironie des Schicksals – war der Gründer des Klosters der Bischof von Münster, Ludolf von Holte, dessen Vornamensursprung auf den alten germanischen Namen »Luitwolf« zurückgeht: »Volk des Wolfes«.

Im 14. und 15. Jahrhundert begann nun das systematische Bekämpfen des Wolfes. Die Gespräche in den ärmlichen und nur von düsterem Kerzenschein erhellten Kammern der Bauern, den muffigen Stuben der Amtsherren, den Prunksälen des Adels und in den raucherfüllten Kneipen schienen nur noch ein Thema zu haben, nämlich, wie man der in ihren Augen zunehmenden »Wolfsplage« Herr werden könne. Der bittere Schicksalsweg des »gefährlichen Untiers« nahm seinen unerbittlichen Lauf. Nie zuvor in der Geschichte Deutschlands wurde ein Mitgeschöpf des Menschen mit derartiger Grausamkeit und Intensität verfolgt und vernichtet. Waidgerechtigkeit war, wenn es um den Wolf ging, absolut kein Thema.

Regelrechte Ausrottungsfeldzüge

Wie uns die Geschichte zeigt, waren die Menschen des Mittelalters für den Wolf eine wahre Heimsuchung und nicht umgekehrt. Was Jahrmillionen wunderbar funktionierte, hatte der Mensch binnen weniger Jahrhunderte zerstört. Diverse Meucheleien hatten die Bestände schon schwer geschädigt und geschwächt.

Und die Neuzeit mit dem beginnenden 16. Jahrhundert brachte für die Wölfe keineswegs eine Erholung. Ganz im Gegenteil: Die Herrschenden, die ohnehin die großen Wälder und somit den Lebensraum der Waldtiere rodeten, schürten das Hassbild vom Wolf als blutgierige Bestie immer weiter. Die totale Vernichtung des großen Beutegreifers war nun in allen Landstrichen angesagt.

Krieg gegen die Tierwelt

Dass dabei nicht nur die Wölfe buchstäblich auf der Strecke blieben, davon zeugt ein höflich als Jagd umschriebenes »Tiermassaker« erschreckenden Ausmaßes, das hier als Beispiel aufgeführt werden soll:

Jagdführer war Herzog Sigismund, der 1536 um Berga (Kyffhäuserregion, Sachsen-Anhalt) und Weida (Thüringen) eine große Jagd veranstaltete, für die das Wild in über 14 Stunden zusammengetrieben und niedergeschossen wurde. Dass dieses Abschlachten »viel Aufsehen und Bewunderung« erregte, verwundert freilich nicht, da ja auch viele »gefährliche Untiere« dabei waren. Zum großen Halali erschienen 17 Fürsten, 19 Grafen, 412 Jäger und 5412 Bauern als Treiber. Das blutige Drama kostete drei große Schlangen, 109 Hirsche, 58 Rehe, 44 Wildschweine, 206 Hasen, 14 Wiesel, 29 Füchse, 14 Dachse, neun Marder, zwei Biber, einen Luchs, fünf Bären und nicht zuletzt 13 Wölfe das Leben. Dabei wurde das Wild in einer bestimmten Richtung zusammengetrieben und durch Wachtfeuer und Lappen am Ausbrechen gehindert. Auf einer Fläche von etwa zwanzig Hektar hat man die verängstigten Tiere dann in einer Art »Kammer« zusammengedrängt, nach und nach hineingehetzt und schließlich erschossen.

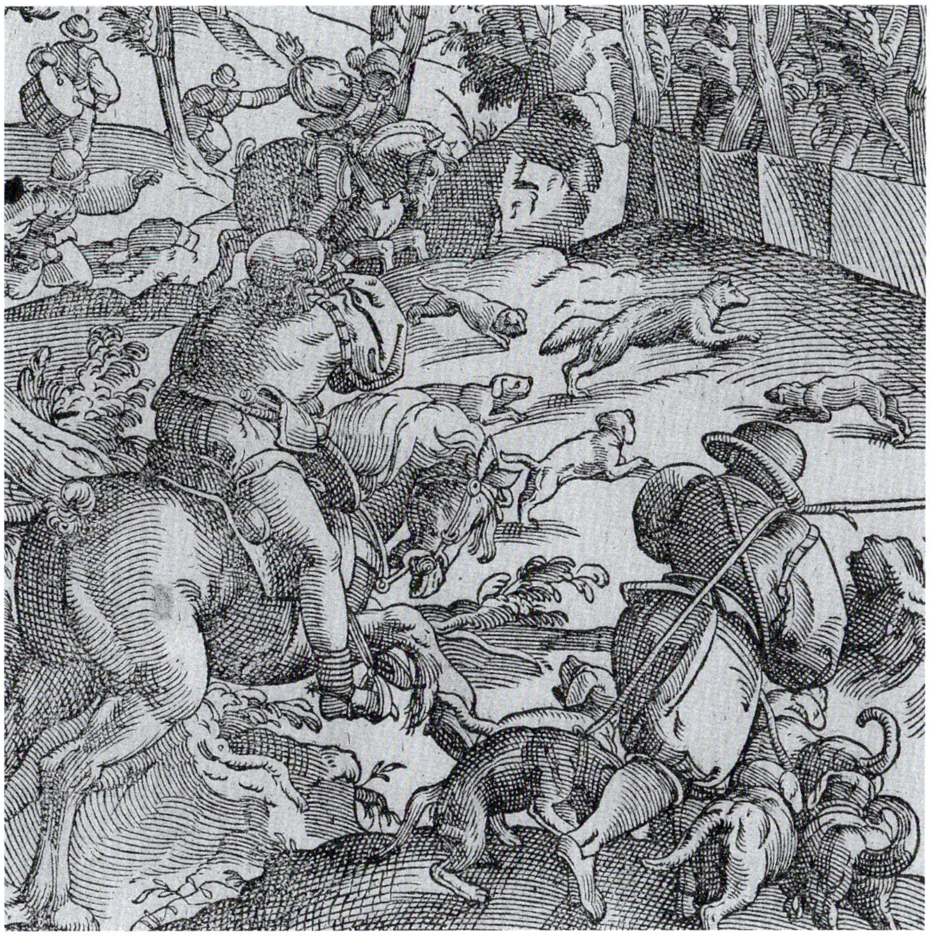

Bei solchen Treibjagden wurden die Wölfe mit sogenannten Jagdlappen in eine bestimmte Richtung gelenkt. Historische Darstellung aus dem Jahr 1590.

Korn für erschlagene Wölfe

Obschon eine Schreckensbilanz dieses Ausmaßes (5860 Jäger und Treiber töten 507 Tiere) selbst im 16. Jahrhundert ihresgleichen suchte, so war es doch auch in der breiten Bevölkerung zu einer Art »Volkssport« geworden, den Wolf mit allen Mitteln zu verfolgen und zu töten. Ja man setzte für diesen schlimmen Frevel Prämien aus, was natürlich in dieser armen Zeit für viele Leute ein zusätzlicher Anreiz für ihre Bluttaten war.

Eine andere »Chronik des Grauens« führt uns in meine Heimat, die Lausitz. Und zwar in das frühe 16. Jahrhundert, als die Region offensichtlich noch von relativ stabilen Wolfsbeständen bewohnt war. Berichtet wird von einem »Hirt von Zobersdorf«, der 1509 vom Amt fünf Scheffel Korn dafür bekam, dass er fünf junge Wölfe erschlagen hatte. Aus einem aus heutiger Sicht brutalen Vorgehen wurde also mit amtlichem Segen eine gute Tat.

Die Motivation für solches Blutgeld war offensichtlich so groß, dass man im Umland des heutigen Bad Liebenwerda davon reichlich Gebrauch machte: Im nur wenige Kilometer südlich von Zobersdorf liegenden Kröbeln wurden 1511, genau wie in Zobersdorf drei Jahre zuvor, ebenfalls fünf Scheffel Korn ausbezahlt für fünf erschlagene Wölfe. Ob diese Wölfe die Tiere aus den beiden Wolfsbauen sind, die es zu dieser Zeit in der »Gatschke« bei Bad Liebenwerda gegeben haben soll, wissen wir nicht. Bekannt ist aber, dass 1441 in der Liebenwerdaer Heide drei Schweine, die mit ihren Jungen zur Eichelmast getrieben wurden, von Wölfen gefressen wurden. Für die grobe Fahrlässigkeit der Bauern, die ihre Tiere ungeschützt ließen, mussten die Wölfe büßen.

Statistiken des Grauens

Besonders dramatisch war im beginnenden 16. Jahrhundert die Situation der Jungwölfe, die bei ihren Häschern offensichtlich ganz besonders »begehrt« waren. Vom Anfang des 16. bis Anfang des 19. Jahrhunderts liegen akribisch geführte Statistiken aus allen Regionen Deutschlands vor, die eine erschreckende Tendenz aufzeigen: das massenhafte Töten von vornehmlich jungen Wölfen. Mich als naturverbundenen Menschen und großen Wolfsfreund erschüttert es immer wieder, wie dies als völlige Normalität dargestellt wurde.

So wurden beispielsweise 1526 in Wernigerode zehn »Jungwölfe eingeliefert«. Das diese Tiere grausam getötet wurden, interessierte den »Amtsmenschen«, der das Blutgeld ausbezahlt hat, sicher nicht. Schon drei Jahre zuvor lieferte man acht Wolfsfelle am gleichen Ort ab, wo akkurat vermerkt wurde: »Jungwölfe bezahlt«. Interessant daran ist, dass vor knapp 500 Jahren sogar in der Mittelgebirgslandschaft des Harzes Wölfe lebten, wenngleich sicher erheblich weniger als im Flachland der Lüneburger Heide. Denn dort hatte man allein zwischen 1642 und 1646 »167 adulte Wölfe und 185 Jungwölfe gefangen«.

Im sächsischen Geringswalde (zwischen Leipzig und Dresden) scheuten sich die blutrünstigen Wolfshäscher nicht, am 4. März 1645 fünf nur wenige Tage alte Welpen »gefangen« zu nehmen. Was diese Statistik nicht erwähnt sind die »Begleiterscheinungen«, die mit solchen gezielten Aktionen einhergehen. Dass also im letztgeschilderte Fall ganz sicher zuvor auch die Mutter der Wolfswelpen getötet wurde. Die Dramen, die sich ungezählte Male wiederholten, und das unsägliche Leid, das der Mensch den Wölfen jahrein, jahraus zufügte, verdeutlicht auch sehr eindrucksvoll die »Opferbilanz«: 5093 Wölfe wurden zwischen 1611 und 1665 allein von den Kurfürsten in Sachsen getötet. Ähnlich sah es in anderen Gebieten aus.

Exekution bei Jagdverweigerung

Der Krieg gegen die Wölfe währte zu Beginn des 17. Jahrhunderts – rechnet man die Keltenzeit mit ein – fast 2000 Jahre, und der Dreißigjährige Krieg war inzwischen vollends entbrannt. Es war eine leidvolle Zeit großen menschlichen Elends. Doch wer nun meint, dass die Wölfe nun eine gewisse Schonzeit genießen konnten, hat weit gefehlt.

Da praktisch alles Großvieh, Hornvieh, Schafe und Schweine, in den Kriegswirren geraubt wurde, schickten nur wenige Gemeinden Vieh auf die Weide. Und dort war es natürlich vor hungrigen Wölfen nicht sicher. Erneut musste also wieder Hatz auf den Wolf gemacht werden. Und wer nicht mitzog, wurde bestraft, wie aus einem Dokument vom 14. Februar 1625 in Ostthüringen hervorgeht. Damals ordnete Oberforstmeister Wilhelm Römer strikt an, dass »bei 8 Groschen Strafe, Wünschendorf, Untitz und Falke, sobald es schneit, sich in voller Anzahl an starken Mannschaften zur Wolfsjagd gebrauchen lasse«. 19 Jahre später war die Bestrafung dann noch massiv verschärft worden: Am 30. Januar 1644 erschien folgende Verordnung: »Hiermit wird den Untertanen der drei Amts Mildenfurthischen Dorfschaften Falke, Untitz und Wünschendorf nochmals ernstlich, in Besonderheit bei Strafe von 10 Thalern anbefohlen, daß sie sich auf die Wolfsjagd stellen, als die Hälfte der Mannschaft von vierzehn Tagen zu vierzehn Tagen laut Churf. S. Oberforstmeisters eingeschlossener in Abschrift überschickter Anordnung. Widrigenfalls und bei beharrlichem Ungehorsam wird eine große Strafe diktieret werden, die Exekution. Wonach ein jedweder zu achten hat. Signatum, d. 30. Jan. 1644. Amt Mildenfurth.«

Schon ein Jahr zuvor hatte Wilhelm Römer auch bittweise seine Gevatterin (Taufpatin), Frau Sybilla von Poßern auf Waltersdorf, um Erlaubnis zu Wolfsjagden in ihren und ihrer Untertanen Gehölzen ersucht, weil sich diese »hochschädlichen Tiere« seiner Meinung nach zu sehr vermehren.

Heimtückische Fangmethoden

Anfang bis Mitte des 17. Jahrhunderts wurden die Fang- bzw. Tötungsmethoden weiter ausgebaut. Und zwar im wörtlichen Sinne. Da für jeden »freiwillig« erlegten Wolf ein Scheffel Korn bezahlt wurde, legte man auf den Wolfspfaden Fanggruben an. Noch bis in unserer Zeit sind solche »Hinrichtungsstätten« erhalten. Beispielsweise im Ratsholze bei Berga (Kyffhäuser), im Wald bei Crottendorf (Erzgebirge) und im Forste bei Schömberg (Nordschwarzwald). Der Boden der Letzteren war mit dicken Bohlen versehen.

Die Wolfsgrube bei Hohenwart in einem Waldstück nördlich Pforzheims am Nordschwarzwald, die vermutlich um 1600 angelegt wurde, kann man noch heute in fast ursprünglichem Zustand besichtigen; sie zeigt die Heimtücke, die die Wolfsfeinde der damaligen Zeit anwenden mussten, um die Tiere zu fangen.

Die mit Steinen ausgekleideten Wolfsgruben, die meist zwei bis drei Meter breit und vier bis fünf Meter tief waren, wurden mitunter mit einem lebenden Köder, etwa einem Schaf, einem Ferkel oder einer Gans, bestückt und anschließend mit Stroh überdeckt. Durch die Laute der Tiere in der Grube wurden Wölfe dann angelockt. In den Ecken angebrachte Steinplatten verhinderten, dass ein hineingefallender Wolf aus der Grube entkommen konnte. Um 1850 sollen die letzten Wölfe in der Nähe von Hohenwart so erlegt worden sein.

Auch im fränkischen Ansbach, westlich von Nürnberg, wurde 1685 dem damaligen Glauben nach ein Werwolf in einer Wolfgrube gefangen und erschlagen (mehr dazu im Kapitel »Mythos Wolf«). Über die Wolfsgrube im Hörsteler Wald im Münsterland wird erzählt, dass eine Bäuerin beim Pilzesammeln hineinfiel und kurz darauf angeblich ein Wolf in die Grube sprang. Der Bäuerin soll es gelungen sein, den Wolf so lange zu »beruhigen«, bis die Jäger des Ortes das Tier erlegt hatten.

Kein Wolf hatte je eine Chance, einer Wolfsgrube (die noch heute zu sehen sind, wie hier bei Crottendorf/Sachsen) lebend zu entkommen.

Qualvolles Sterben

Weitaus scheußlicher noch als die Wolfsgruben waren Fangeisen, die den Wolf beim Zusammenschlagen der Eisenbügel meist nur schwer verletzten. Den darin Gefangenen blieb nichts anderes übrig, als ihrem Schicksal ins Auge zu blicken und entweder zu verbluten, zu verhungern oder von ihren zweibeinigen Todfeinden schließlich totgeschlagen zu werden.

Den Gipfel der Perfidität bildeten die sogenannten Wolfsangeln. Bei dieser an Grausamkeit kaum zu überbietenden Fangmethode bestückte man an überdimensionale Angelhaken erinnernde eiserne Haken mit Fleisch und lockte damit die hungrigen Wölfe an. Kaum zu glauben, dass diese arglistige Täuschung offenbar tatsächlich funktioniert hat. Der Wolf hatte also trotz der unzähligen leidvollen Erfahrungen mit seinem Todfeind Mensch kaum Argwohn und schnappte nach der vermeintlichen leichten Beute. Die als Fleischbrocken am Seil getarnte, meist mit vier spitzen Haken versehene, aus Bäumen herunterhängende Wolfsangel bohrte sich durch den Oberkiefer und brachte dem Tier einen äußerst qualvollen Tod.

Eine der grausamsten »Mordwaffen« im Kampf gegen den Wolf: das Wolfsfangeisen.

Grabungsfunde aus der Ritterzeit

Immer wieder kommen derartige Zeugnisse von Abscheulichkeiten des Menschen gegenüber dem Wolf buchstäblich ans Tageslicht. So haben Forscher des Landschaftsverbandes Westfalen-Lippe in Detmold Ende Oktober 2009 bei Grabungen an der Detmolder Falkenburg zwanzig Exemplare dieser eisernen Haken gefunden. Die Wolfsangeln stammen aus dem 13. Jahrhundert und belegen damit, dass diese Jagdmethode im tiefen Mittelalter gang und gäbe war. Die etwa zwanzig Zentimeter langen Artefakte aus Detmold waren 2010 in der Ausstellung »AufRuhr 1225! Ritter, Burgen und Intrigen« im LWL-Museum für Archäologie in Herne zu sehen.

Seit etwa 2004 graben Archäologen des Landschaftsverbandes Westfalen-Lippe auf der Stammburg der Edelherren zur Lippe in Detmold. »Diese Untersuchung ist die bedeutendste aktuelle Burgengrabung in Westfalen-Lippe. Die Wolfangeln sind sicherlich der Höhepunkt der Grabungen«, kommentierte Dr. Stefan Leenen, wissenschaftlicher Projektleiter der Ausstellung, bei einem Vororttermin diesen spektakulären Fund und erklärt, dass »die Angeln zeigen, wie groß die Bedrohung der Burgbewohner durch Wolfsrudel in den umgebenden Wäldern dieser Höhenburg gewesen sein muss.«

Eine detailgenaue und schaurige Aufzählung der Wolfstötungsvarianten dieser Zeit enthält Conrad Gesners »Allgemeines Thier-Buch« von 1669:

»Wiewohl der Wolff nit umsonst, und nit ohne gar keine Nutzbarkeit gefangen und getödtet wird, so ist doch der Schad, den er bei seinem Leben Menschen und Vieh anthut, viel grösser, weßwegen ihm, so bald man ihn spühret, ohne Verzug, von männiglichen nachgestellt wird, biß er entweder mit gewissen Instrumenten oder Gruben, Gifft und Aas, oder mit Wolffsfallen, Angeln, Stricken, Garnen und Hunden, Geschoß und dergleichen gefangen und getödtet werde.«

Gern ließ sich Johann Georg I. mit seinem »Statussymbol« – einem Jagdhund – auf Bildern darstellen.

Schießwütiger »Bierjörge«

Einer, der Gesners Wolfstötungvariationen sehr korrekt und akribisch in die Tat umsetzen ließ, war Kurfürst Johann Georg I. von Sachsen (Spottname »Bierjörge«). Er lebte zu einer Zeit, in der sich der Wolfsbestand trotz intensivster Verfolgung – zumindest in Sachsen – noch immer seiner drohenden Ausrottung entgegenstellte. Wie sonst könnte man sich eine so gewaltige »Jagdstrecke« von 2045 Wölfen vorstellen, die Kurfürst Johann Georg I. von Sachsen in den Jahren 1656 bis 1677 in seinem Jagdwahn »bei Hirschfeisten, Hirschbrunsten und wilder Schweinehatzen getötet und als Deputat in Haaren und Salz geliefert zum Hofstaat und geschenket« hat? Kaum glaublich muten die Abschusszahlen der Tiere an, die neben den erwähnten 2045 Wölfen in diesen 21 Jahren auf Anordnung des Kurfürsten und seiner Helfer ihr Leben lassen mussten: 11.175 Hirsche, 3354 Wildkälber, 1945 Rehböcke, 12.885 Rehe, 769 Dammhirsche, 896 Stück Dammwild, 1951 »hauende Schweine«, 530 »angehende Schweine«, 1961 Keiler, 6026 Frischlinge, 14.948 Hasen, 2339 Füchse, 933 Dachse, 558 Biber, 508 Fischotter und 144 Marder.

Interessant an dieser Jagdstatistik ist unter anderem, dass noch im ausgehenden 17. Jahrhundert der Bestand an Füchsen nur unerheblich größer war als der der Wölfe. Das sollte sich freilich bald dramatisch zu Ungunsten des Wolfes ändern, und Johann Georg I. von Sachsen hatte in seiner Schießwut einen nicht unerheblichen Anteil daran. Ein steinernes Dokument dieser Art kann nahe dem sächsischen Weinböhla besichtigt werden: ein Wolfsdenkmal, das zur Erinnerung an eine 1618 von der Jagdgesellschaft Johann Georgs I. abgehaltene Treibjagd errichtet wurde. Es trägt auf einem fünf Meter hohen Sockel einen lebensgroßen Wolf.

Überhaupt konnte man über Johann Georg I. wenig Gutes berichten. Denn mit seinen Landständen lag er vielfach in Streit, wozu meist die durch den Krieg und die Verschwendung des Hofes entstandene hohe Verschuldung des Landes den Anlass gab. Zudem mangelte es ihm wohl an feiner Sitte, und allzu oft gab er sich der schon erwähnten Jagdleidenschaft hin. Auch war er trunksüchtig, was ihm den Spottnamen Bierjörge einbrachte, was wiederum in einer von Johann Georg Theodor Grässe aufgeschriebenen Sage umging (»Die sonderbare Stiftung zu Kötzschenbroda«).

Kampf den »Plagegeistern« der Bauern

Zur Zeit Johann Georgs I. von Sachsen war auch die Beizjagd noch gang und gäbe. Sie galt zum großen Teil dem Federwild, dem man auf der sogenannten Falkenbeize mit dem Falken nachstellte. Der Falkner trug den Beizvogel auf Hand oder Arm. Im rechten Augenblick galt es, den Falken so zu werfen, dass er gegen den Wind aufsteigen konnte, um seine Beute zu erlegen. Sogar Kraniche wurden Opfer dieser Jagdmethode.

Viele Arten, die heute vom Aussterben bedroht sind, waren damals noch in großer Zahl vorhanden und konnten gejagt werden, beispielsweise die Großtrappe. Vom »Märkischen Strauß« lebten im 17. Jahrhundert noch schätzungsweise weit über 30.000 Exemplare östlich der Elbe. Zeitweilig wurden sie auf den Feldern zur »Plage« und mussten deshalb bejagt werden.

Oft haben Trappen und Wölfe (und viele mehr) einen ähnlichen Schicksalsweg gehen müssen. Die einen wurden zur Plage der Kornbauern »abgestempelt«, die anderen zur Plage der Viehbauern. Und von beiden Arten existieren gegenwärtig (2010) nicht einmal annähernd einhundert Individuen.

Man fand also immer seinen Feind. Und die Liste jener zur Plage erklärten Tiere ist schier endlos lang. In fast allen größeren Tieren sah man zu Beginn der Neuzeit einen Feind des Menschen, den es gnadenlos zu bekämpfen galt. Dazu zählten – um nur bei den Säugetieren zu bleiben – natürlich auch »feldfruchterbeutende« Auerochsen, »ziegentötende« Bären, »jagdbeutestehlende« Luchse und »fischraubende« Otter. Selbst der herrlichen Wildkatze hat man unterstellt, sie würde Rehe erbeuten. Dass dies schon aus anatomischer Sicht niemals möglich sein kann, interessierte nicht. Das Ergebnis kennen wir: Auch von der Wildkatze, diesem kostbaren Schatz unserer Restwildnis, konnten sich bis in unsere Tage nur klägliche etwa 3000 Exemplaren retten. Und bei den Luchsen sind es gerade einmal zehn Prozent davon (u.a. im Harz und Pfälzer Wald), wobei etwa 500 Tiere nötig wären, um einen genetisch gesunde Austausch der Populationen zu gewährleisten.

Zur Wolfsjagd »ermutigt«

Dass bei all der Härte und Grausamkeit der Wolfsjagden des 17. Jahrhunderts beim Adel auch bisweilen milde Töne herrschten, belegt der Landtagsrezess vom 26. Juli 1653, der von Friedrich Wilhelm von Brandenburg, (dem »Großen Kurfürsten«, 1620–1688) und den brandenburgischen Ständen abgesegnet wurde. In Artikel 68 verspricht der Kurfürst, seine Jagdrechte in der Altmark (heute Sachsen-Anhalt) nicht auf Kosten derjenigen der Stände auszudehnen. Untertanen dürften nicht gezwungen werden, als Helfer bei der Wolfsjagd teilzunehmen. Sie sollten aber »ermutigt« werden, sich freiwillig dafür zu melden. »Denjenigen, deren Pflicht es ist, an der Wolfsjagd teilzunehmen, ist mit Höflichkeit zu begegnen. Sie sind nicht länger als nötig dafür einzusetzen.«

Was hier von der Wortwahl her etwas grotesk anmutet, lässt erahnen, welche schlimmen Bilder diese Wolfsjagden in den Köpfen der Beteiligten, gleich welchen Standes, hinterlassen haben müssen und dass man offensichtlich besorgt um das gesundheitliche Wohl der Jäger war. Mitleid und Nachsicht mit den Wölfen, die qualvoll leiden und sterben mussten, hatte hingegen keiner.

Noch heute kann man »Wolfsdenkmale« besuchen, wie dieses hier aus dem Jahr 1618, nahe Weinböhla (Sachsen).

Auch Friedrich Wilhelm war jagd-, aber auch leiderfahren. In den Wirren des Dreißigjährigen Krieges als Sohn des Kurfürsten Georg Wilhelm und der pfälzischen Prinzessin Elisabeth Charlotte geboren, musste er sein Leben vom Frühjahr 1627 bis zum Sommer 1634 hinter den Mauern der sicheren Festung Küstrin verbringen. In dieser Zeit blieb er die meiste Zeit von seinen Eltern getrennt und wurde vor allem in Sprachen und der evangelisch reformierten Religion unterrichtet. Eine häufige Teilnahme an Jagden sah man als »körperliche Schulung« an.

Bleihaltige Luft im Königreich Preußen

Im Todesjahr Friedrich Wilhelms von Brandenburg kam sein Nachfahre und Namensvetter aus dem Hause Hohenzollern, Friedrich Wilhelm I. (1688–1740), König von Preußen, zur Welt. Für die Wölfe, die damals im Regierungsbereich des »Soldatenkönigs« lebten, ein denkbar schlechtes Ereignis. Denn der ab 1713 regierende Fürst war als leidenschaftlicher Jäger sowie als »Wüterich« und »Prügelsüchtiger« bekannt.

Die Jagd war nicht nur des Königs größtes Vergnügen, er hat wohl auch einen Großteil seines Lebens damit zugebracht. Ab 1726 ließ er in den Jagdgebieten südwestlich Berlins sogenannte Jagdsterne mit weit ins Land reichenden geraden Achsen anlegen, um dort Parforcejagden durchzuführen. Es wurde auch mit Lappwand und Wolfsnetz gejagd. Das kleine Jagdschloss, 1730–32 erbaut, zeugt noch heute von der Leidenschaft des »eigentlichen Jägers des Hauses Hohenzollern«.

In den Pelz erlegter Jagdbeute gehüllt: Friedrich Wilhelm von Brandenburg.

Wie krass und gegensätzlich zu dieser Zeit die Auffassung von »guten« und »bösen« menschlichen Taten war, zeigt exemplarisch folgende Verordnung, die am 26. Februar 1726 im ostthüringischen Cronschwitz erschien:

»Wer einen Propfen, Satzweide oder Satzerle beschädigt oder abhaut, muß den Schaden bezahlen und für den Frevel bei Wasser und Brot im Zuchthause einige Wochen büßen oder mit Abhauen der Hand bestraft werden; wenn er es böswillig getan hat, soll er mit dem Leben büßen.«

Während das massenhafte Abschlachten der Wölfe belohnt wurde, verhängte man also für Baumfrevel vergleichsweise drakonische Strafen – bis hin zu Hinrichtungen.

Der letzte sächsische Wolf

Doch zurück ins Sachsen des Jahres 1740. Dies sollte nicht nur das letzte für Friedrich Wilhelm I. werden, sondern auch für einen Wolf, der als letzter sächsischer seiner Art in die Geschichte einging. Als dieser am 11. November 1740 durch die leicht hügelige, etwa 5000 Hektar große Waldlandschaft der Laußnitzer Heide (zwischen Ottendorf-Okrilla und Königsbrück) streifte, ahnte er gewiss nicht, dass dies sein letzter Tag sein sollte. Denn sich zur falschen Zeit am falschen Ort aufzuhalten kann auch für Wölfe sehr verhängnisvoll sein. So kam es zu dieser unheilvollen Begegnung, bei der »auff Laussnitzer Refier« auf allerhöchsten Befehl vom Grenzschützen Johann Christoph Schwartze der letzte sächsische Wolf geschossen wurde, wie die Inschrift auf dem Granitsockel des dort errichteten Wolfsdenkmals besagt.

Ähnlich verhängnisvoll verlief gut vier Jahrzehnte später der »Besuch« eines Wolfes, der knapp siebzig Kilometer Luftlinie nordwestlich von Laußnitz am 10. April 1781 durch das über 800 Jahre alte Niederlausitzer Dorf Riedebeck trabte. Schnell muss er erkannt haben, dass er dort höchst unerwünscht war. Fatal war dann seine Entscheidung, auf dem mittelalterlichen Weg – der heutigen B 96 – von Riedebeck in südliche Richtung nach Bornsdorf zu flüchten, wo er von einer wütenden Menschenmenge verfolgt und schließlich erschossen wurde. Früher erinnerte an dieses traurige Ereignis eine hölzerne Säule, die später durch eine Holztafel ersetzt wurde. Heute befindet sich hier ein sogenannter Wolfsstein aus rotem Granit, der die schlichte Aufschrift trägt: »Hier wurde am 10. April 1781 ein Wolf erlegt.«

Friedrich Wilhelm, der Wolfsschreck

Zu Beginn des 19. Jahrhunderts ereilte nun überall in Deutschland die Wölfe das gleiche Schicksal wie die beiden vorgenannten Artgenossen. Die Zeit der »letzten Wölfe« brach an, denn man ordnete auf die letzten verbliebenen Exemplare Treibjagden an. Beispielsweise befahl der in Koblenz ansässige französische Präfekt mit Erlass vom 16. Januar 1807 für das gesamte Departement eine allgemeine Treibjagd auf Wölfe, wobei die örtlichen Bürgermeister diese Anordnung verantwortlich umzusetzen hatten. Friedrich Wilhelm III., Preußischer König von Gottes Gnaden, veröffentlichte fast auf den Tag genau sieben Jahre später, am 15. Januar 1814, eine »Verordnung wegen Gestellung der zu den Wolfjagden nöthigen Mannschaften«. Sie lautete wie folgt:

»Wir Friedrich Wilhelm, von Gottes Gnaden König von Preußen geben kund: Da die Vertilgung der Wölfe eine allgemeine Landes- und Sicherheitsangelegenheit ist und es die Gerechtigkeit erfordert, daß zu dem, was das Wohl Aller betrifft, auch Unsere getreuen Unterthanen beitragen; so verordnen wir hiermit und Kraft dieses: Es sollen alle ackerbautreibende Einsassen, sowohl in den Dörfern als in den Städten, desgleichen diejenigen, welche gar keinen Acker besitzen, jedoch Pferde, Rindvieh oder Schaafe halten, zu den Wolfsjagden Hülfe leisten, und die davon nach einigen Provinzial-Verfassungen statt gehabten Befreiungen gänzlich aufhören.«

Ein preußisches Jagdreglement

Das preußische Jagdreglement von 1814 versetzte dem Wolf dann vermutlich den endgültigen Todesstoß. Die darin verfasste »geordnete und systematische Bejagung« des Wolfes war zu diesem Zeitpunkt bereits seit über 200 Jahren mit aller Härte durchgeführt worden. Um den Wolf endgültig auszurotten, hätte es einer solchen »zusätzlichen« Verordnung folglich wohl kaum bedurft. Dennoch wies man in der »Jagdverordnung Nr. 27 vom 12. November 1814« das Forstpersonal strikt an, »möglichst den Wölfen nachzustellen, sobald Schnee auf der Erde seyn wird«.

Die »besten Schützen der Gegend« hatten nach dem Feststellen von Wölfen im Revier unverzüglich eine Wolfsjagd mit »einfachen und doppelten Jagdgewehren« durchzuführen, sie mit Netzen zu fangen und/oder mit der Axt totzuschlagen.

Wie erbittert und verzweifelt man gegen den Wolf zu Werke ging, beweist auch die Tatsache, dass für Schusswaffen kein Waffenschein notwendig war, solange man »nur« den Wolf bekämpfte. Für jedwedes anderes Wild wurde ein solcher sehr wohl verlangt! Nur »Frauensleute und Kinder unter 16 Jahren« durften nicht als Treiber oder Jäger aufgeboten werden.

Ausrottung bis aufs letzte Tier

Obschon der Mensch im Deutschland des frühen 19. Jahrhunderts den Wolf von der Landkarte fast gänzlich getilgt hatte und die Bestände weitestgehend erloschen waren, hielten sich in einigen Regionen einige wenige kleinere Populationen – selbst dort, wo man sie schon längst nicht mehr vermutet hätte, im »tiefen Westen« des Landes, beispielsweise der großen Region von Rheinland und Ost-Eifel. Doch auch hier verfolgte

Am Ende einer Treibjagd ist ein Wolf in die Wolfsgarne getrieben worden. Nun sind die Jagdbediensteten dabei, ihn mit einer Axt zu erschlagen. Historischer Stich aus dem Jahr 1729.

man die Tiere mit ungebrochenem Eifer. So berichten Zeitgenossen dieses Landstriches von folgender erbarmungsloser Wolfshatz, die sich am 23. Juli 1815 zutrug:

»Am gestrigen Tage wurde eine Wölfin bei den Orten Nettelhoven und Dernau im Kreise Bonn gesehen, die 8 Landleute anfiel, die teilweise 20 und mehr Wunden trugen. Schon selbst mit Sensenhieben verwundet und von der aufgebotenen Mannschaft der Bürgermiliz lebhaft verfolgt, durchschwamm dieses Untier noch bei Walporzheim die Ahr und ward auf dem jenseitigen Ufer von einem jungen Menschen namens Raatz aus besagter Gemeinde vermittelst einer Heugabel getötet.«

Bisweilen schien es freilich wie der Kampf gegen ein Phantom. Denn eine angesetzte Wolfsjagd im November 1816 brachte nicht den erwünschten Erfolg; man hatte zwar mehrere Wölfe gesehen, doch keinen erlegen können.

Nachdem sich 1816 einige Wölfe an Schafen vergriffen hatten, sah sich die Regierung zu Coblenz gezwungen, »Vorsichtsmaßregeln gegen Wölfe« zu ergreifen, etwa Mittel zur Vergiftung (z. B. Strychnin). Berichte aus dieser Zeit beschreiben diese Gräueltaten sehr detailliert und dokumentieren zum x-ten Mal den blinden Hass gegenüber den Wölfen. Von den insgesamt 114 innerhalb von drei Jahren getöteten Tieren wurden allein 1818 im Regierungsbezirk Koblenz 16 alte Wölfe, 20 junge Wölfe und neun alte Wölfinnen zum Teil sehr grausam umgebracht. In einem der zahlreichen Berichte heißt es:

»Diese schreckliche Tierart, welche i. J. 1815 so unendliches Unglück auf dem linken Rheinufer anrichtete, indem es so viele rasende Wölfe gab, ist noch immer nicht ausgerottet, obgleich in mehreren Forsten Wolfsgruben und Wolfsgärten angelegt sind, Prämien erteilt werden etc. Als das wirksamste Mittel zu ihrer Vertilgung hat sich die Vergiftung mit Krähenaugen gezeigt, welche so wirksam und schnell ist, daß man wenige Schritte von dem vergifteten Köder die Wölfe schon tot gefunden hat.«

Die Zeit der »letzten Wölfe«

Dem unbekannten Gläubigen, der 1887 in der Kusterdinger Kirche (östlich des Schwarzwaldes) in einer Inschrift Gott darum bat, dass ihn und seine Frau kein Wolf reißen möge, war offenbar nicht bewusst, dass zu dieser Zeit Deutschland schon längst nahezu »wolfsfrei« war. Seine Sorge war also unbegründet – und die Zeit der »letzten Wölfe« bereits in vollem Gange.

Hier eine kurze (und keinen Anspruch auf Vollständigkeit erhebende) Chronologie der traurigen Geschichte der Wölfe in Deutschland, beginnend mit dem frühen 18. Jahrhundert.

1705

Der letzte Bär am Brocken (Harz) wird erlegt.

1720

Es geht auch ohne Wolfstötung. In Markkleeberg bei Leipzig steht ein Wolfsdenkmal. Es erinnert daran, dass hier 1720 das letzte Mal Wölfe gesehen wurden.

1795

Der letzte Wolf Ostfrieslands wird erlegt.

1820

Im Herbst des Jahres hört Hinrich Schümann, der Heger des Apothekerholzes in Brokenlande, dass ein Schäfer am Vierkamp wieder einen Wolf gesehen habe. Hinrich Schümann vermeldet dies seinem jagdeifrigen Sohn, der sich im ersten Morgengrau auf die Jagd macht. Als das Tier aus dem Unterholz tritt, beendet ein krachender Schuss das Leben des letzten Wolfes von Schleswig-Holstein.

1826

In der Nacht vom 11. zum 12. September gelingt es einem Schäfer aus Haltern am See, den letzten Wolf in Karnickelhausen (NRW) zu erlegen.

1834

Die letzten Wölfe Baden-Württembergs werden in den 1830er-Jahren geschossen. Im Undinger Wald erlegt der Stettener Revierförster am 11. Januar 1834 ein 84 Pfund schweres Männchen. Der Erpfinger Ortschronik zufolge »wurde das Tier mittags um drei ins Dorf hereingebracht, wobei große Freude bei Alten und Jungen herrschte, und alles kam, um es anzusehen«.

1841

Der letzte Wolf in Hessen wird im Ried erlegt.

1845

Der letzte württembergische Wolf wird etwa zwanzig Kilometer von Heilbronn entfernt von einem »tapferen Schützen« erlegt. Im gleichen Jahr, am 14. Dezember, wird durch den Wildmeister Goltsch, einen Förster und den Gastwirt Wotatsch im Nochtener Forst (Sachsen), ein Wolfsrüde erlegt. Dort steht heute ein Wolfsgedenkstein.

1846
Im Doberluger Forst, nicht weit entfernt von der Siedlung Schulz bei Doberlug-Kirchhain, hält sich am 17. März ein Wolf auf. Er hatte lediglich und artgerecht Wildtiere erbeutet, aber man dichtet ihm an, »großen Schaden unter dem Wild« angerichtet zu haben. Schließlich braucht man ein Argument für das Töten des prächtigen Tieres. Bei einer Treibjagd wird er durch drei Schützen mit drei Kugeln niedergestreckt. Eine Wolfssäule erinnert an diese »unschuldige Hinrichtung«.

1866
Am 12. März wird ein Wolf im Eberbacher Stadtwald vom Rathschreiber Diemer erlegt – der letzte Wolf des Odenwaldes. Anschließend wird er in Oberdielbach vermessen, gewogen und kurz für die Öffentlichkeit ausgestellt. Der Rüde misst von der Schnauze bis zum Schwanzende 5 Fuß und 2 Zoll, seine Höhe 2 Fuß und 6 Zoll. Das Gewicht beträgt 80 Pfund.

1882
Im Sommer wird bei einer Treibjagd im Oberpfälzer Fichtelgebirge von dem Kulmainer Gastwirt Martin Wiesend der letzte Wolf Bayerns erschossen. 1907 wird an dieser Stelle eine Wolfssäule errichtet.

1888
Der letzte »Eifelwolf« wird erlegt.

1899
Der letzte Wolf des Saarlands wird erlegt.

1904
Der vermutlich letzte »deutsche Wolf« wird in Neustadt (Sachsen) geschossen. Es ist der berühmte »Tiger von Sabrodt«.

Eine scharfe Grenze für diese Statistik lässt sich allerdings aus meiner Sicht nicht ziehen. Denn sowohl vor 1705 wurden bestimmt irgendwo in Deutschland schon »letzte Wölfe« geschossen, ebenso auch nach 1904, wie der »Würger vom Lichtenmoor« beweist, der am 12. August 1948 in Niedersachsen getötet wurde und sicher noch zum einheimischen Bestand der deutschen Wölfe gehörte.
Leider hat man auch die »neuen Wölfe«, die seit Mitte des 20. Jahrhunderts gelegentlich wieder aus dem Osten zuwanderten, gnadenlos verfolgt und ausnahmslos umgebracht. Denn nach der Gründung der DDR durfte der Wolf ganzjährig gejagt werden. Nahezu dreißig der grauen Kameraden hat seit 1948 der Tod ereilt. Einer der bekanntesten Fälle ist der in die regionale Geschichte eingegangene »Würger von Ihlow«, der am 24. März 1961 im Mehlsdorfer Busch erschossen wurde. Wir werden die packenden Geschichten der beiden letztgenannten »Würger« im nachfolgenden Kapitel »Mythos Wolf« noch ausführlich kennenlernen.

Zwischen den Niederlausitzer Dörfern Bornsdorf und Riedebeck steht neben der heutigen B96 dieser Wolfsstein, der an den Abschuss eines Wolfes am 10. April 1781 erinnern soll.

»Krieg dem Wolf« in Europa und Amerika

Auch außerhalb Deutschlands, im übrigen »Abendland«, wurde seit dem Mittelalter dem Wolf intensiv nachgestellt. Maßgebend dafür war, wie in Deutschland, die hysterische Furcht vor dem Wolf und der daraus resultierende Hass auf ihn.

Blicken wir zunächst nach England. Dort wurde der Wolf bereits im 16. Jahrhundert ausgerottet, im 17. Jahrhundert schließlich auch in Irland. Am längsten konnte er sich in Schottland halten, aber gegen Mitte des 18. Jahrhunderts (1743) war auch hier sein Schicksal besiegelt.

In Frankreich forderte bereits im 8. Jahrhundert Karl der Große von allen Adligen seines Herrschaftsbereiches, stets zwei Jäger speziell für die Wolfsjagd einsatzbereit zu halten. Die Ausrottungskampagnen wurden hier im Mittelalter ähnlich intensiv und grausam geführt wie in Deutschland. Etwa tausend Jahre nach der Herrschaftszeit Karls des Großen gab Napoleon 1805 einen Erlass heraus, wonach in allen Departements des Landes für die Wolfsbekämpfung besondere Bevollmächtigte eingesetzt werden sollten. Bis 1870 standen die Wölfe in vielen Gebieten des Landes kurz vor der Ausrottung, hielten sich jedoch in einigen Landteilen bis zum Ersten Weltkrieg.

Vorhergehende Doppelseite: Was haben sich diese beiden wohl zu erzählen?

Absurde »Gnadenfrist« für den Walliser Wolf

Wie grotesk der Umgang mit dem Wolf noch heute ist, zeigt uns ein Beispiel aus der Schweiz. Nicht lange nach dem Zweiten Weltkrieg – 1947 – war auch in den Walliser Alpen die »Wolfsendzeit« erreicht und der letzte Schweizer Wolf, berühmt geworden als mörderisches »Monstrum aus dem Wallis«, von einem Wilderer erschossen. Seit dieser Zeit verstaubt er im Museum der Walliser Kantonshauptstadt Sion.

Ungeachtet dessen kehrten einige Wölfe seit 1995 wieder im Grenzgebiet zwischen Frankreich und der Schweiz nahe des Montblanc zurück. Schnell war einer der grauen Gesellen natürlich wieder zum »gefährlichen Untier« abgestempelt und schien das Klischee von der »grausamen Bestie« zu bestätigen. Die zur Legende gewordene »Bestie vom Val Ferret« wurde sogar von Schweizer Antiterroreinheiten gejagt. Selbst ein Helikopter kam zum Einsatz.

Der Wolf, der zu Beginn des Jahres 2000 in der Schweiz auftauchte, soll angeblich rund hundert Schafe gerissen haben. Sofern diese Zahl überhaupt stimmt, hat der Mensch dies erst ermöglicht, denn seit der Wolf als ausgerottet gilt, hütet kein Schäfer mehr die Schafe, kein Hund bewacht die Herde. Daher empfiehlt der WWF Schweiz dringend, Schafe wieder zu bewachen, und zahlt den Besitzern einen Schadensersatz von 350 Franken für jedes gerissene Tier.

Das traurige Ende dieser Geschichte lässt sich leicht erahnen. Natürlich gab es für den Val-Ferret-Wolf wieder nur die »Endlösung«. Nachdem eine absurde sogenannte Gnadenfrist verstrichen war (der Wolf sollte freiwillig wieder das Gebiet verlassen), erfolgte der Abschuss. Der World Wide Fund of Nature (WWF) kritisierte dies. Auch der Tod dieses Wolfes werde Artgenossen nicht daran hindern, sich an unbewachte Schafherden heranzumachen.

Unwetter töten weitaus mehr Schafe

Bei all den heftigen Kontroversen und der Empörung, die immer wieder eingewanderte Wölfe in der Schweiz auslösen, bedenkt niemand, dass von den insgesamt über 500.000 Schafen in der Schweiz alljährlich weit mehr durch Unwetter umkommen als durch Wölfe.

Statt sich über die Rückkehr des seltenen Gastes zu freuen (wie zurzeit wieder in Deutschland und anderen Ländern), wird bis heute jeder Versuch der Wölfe, das Wallis von Italien her wieder zu besiedeln, mit dem Tod bestraft. Unter anderem wurden sechs Jungwölfe, die in den letzten Jahrzehnten auf der Suche nach einem Revier waren, in der Schweiz erschossen.

Auch wenn einige Wölfe fliehen konnten, so werden dennoch die verheerenden und unsinnigen Abschüsse von fast 30 Wölfen im Winter 2010 in Schweden als der wohl schlimmste Tierfrevel des Jahres in die Geschichte eingehen. Es könnte dort für den ohnehin sehr kleinen Wolfsbestand das Ende sein.

Kriegserklärung durch Schäfer und Jäger

Im Grenzgebiet zwischen Frankreich und Italien sieht es nicht besser aus.
Obwohl der Wolf laut Berner Konvention längst unter strengem Schutz steht, sagen Schafzüchter und Jäger den geschützten Wölfen den Krieg an. Sie machen keinen Hehl daraus, die Tiere zu töten, obwohl sie sich damit einer vorsätzlichen Straftat schuldig machen. Und wo keine Waffen zur Hand sind, werden auch schon einmal unorthodoxe Tötungsmethoden angewendet. So hat es Ende der 1990er-Jahre ein wütender französischer Schafbauer tatsächlich geschafft, im südöstlichen Grenzgebiet zu Italien mit dem Lastwagen auf offener Landstraße eine Wölfin totzufahren, die ihm angeblich zwei Schafe gerissen haben soll. Der Mann ist namentlich bekannt. Unbekannt ist aber, ob er für diese Straftat je zur Rechenschaft gezogen wurde.

»Wolfsmassaker« in Schweden

Alle genannten Fälle liegen in der Vergangenheit. Aktuell ist die Lage in Schweden. Denn mitten in der Recherche- und Schreibarbeit zu diesem Buch bahnte sich Anfang 2010 dort neues Ungemach für die Wölfe an. Diesmal bei den skandinavischen Artgenossen. Mir verschlug es fast den Atem, als die erschütternde Kunde an mein Ohr drang, dass von dem mit 220 Tieren ohnehin äußerst kleinen Wolfsbestand in Schweden allen Ernstes 27 der bis 1996 in Schweden streng geschützten Tiere (also über zehn Prozent des vermuteten Gesamtbestandes) zum Abschuss freigegeben wurden. Aus Tierschutzsicht ein wirklicher Frevel, den ich in meiner dreißigjährigen ehrenamtlichen Tier- und Naturschutzarbeit so noch nicht erlebt habe und der nur noch von den anhaltenden Massentötungen von Robbenbabys vor Kanadas Küste übertroffen wird.
Auslöser für die makabren Wolfsabschüsse war ein schwedischer Parlamentsbeschluss vom Oktober 2009. Demnach soll der Wolfsbestand in den kommenden fünf Jahren

auf 210 Tiere und zwanzig Rudel begrenzt werden.
Nun lösten diese »amtlichen Erschießungen« einen regelrechten Sturm der Entrüstung aus, der den Blätterwald und die Bildschirme der deutschen und internationalen Medienlandschaft erfasste. Fast alle großen Tageszeitungen, TV- und Radiosender berichteten über diese ungeheuerlichen Geschehnisse – erst recht natürlich die Natur- und Tierschutzverbände. Im Grundtenor waren sich alle einig, das hier den Wölfen schlimmstes Unrecht zugefügt wurde. Die Freigabe zum Abschuss ist eine »inakzeptable politische Dummheit ohne gesetzliche Grundlage«, empört sich zu Recht Svenska Rovdjursföreningen, eine Organisation, die dafür kämpft, dass auch Wölfe, Bären und andere Wildtiere in Schweden Platz zum Leben haben. Als »Wildwestzustände« bezeichnete der schwedische Naturschutzverband dieses Einknicken der schwedischen Regierung vor der scheinbar übermächtigen Jagdlobby. Ähnlich sieht es auch der Internationale Tierschutz-Fonds IFAW (International Fund for Animal Welfare), eine der weltgrößten Tierschutzverbände: »Es drängt sich der Verdacht auf, dass die Erteilung der Quote ein Geschenk an die Jagdlobby ist«, so der IFAW-Kommentar über diese Schreckensnachricht aus Schweden.

Qualvolles Leiden angeschossener Wölfe

Wie groß die Gier vieler Jäger, einmal einen Wolf zu erlegen, teilweise auch heute noch sein muss, zeigt die Tatsache, dass sich für diese Wolfshatz innerhalb kürzester Zeit über 12.000 Jäger registrieren ließen – für die Jagd auf 27 Wölfe! 4500 von Ihnen bekamen dann buchstäblich die Lizenz zum Töten.
Bereits am ersten Tag wurden zwanzig Tiere geschossen, nur wenige Tage später die restlichen sieben. Und das, obwohl die einmalige Abschusszeit der Wölfe zwischen dem 2. Januar und dem 15. Februar festgelegt wurde. Ein Online-Jagdjournal vermeldete diesen »Erfolg« mit regelrechtem Zynismus: »Nach vier Stunden schon neun Wölfe gefällt«.
Über die folgenden Details war in dem Bericht freilich nichts zu lesen. So verlief die Jagd teilweise sehr unkoordiniert und unprofessionell. Auch wurde in einigen Provinzen die anteilige Quote überschritten und »aus Versehen« zu viele Wölfe erschossen.
Der schwerwiegendste Vorwurf jedoch war der, dass sieben Tiere nur »krankgeschossen« wurden, wie der Jäger sagt, und sie lange leiden mussten, bis der Tod sie erlöste. Dies alleine ist schon ein massiver Verstoß gegen geltende Tierschutzrichtlinien.
Diese Hetzjagd verstoße insgesamt gegen die Habitat-Direktive zum Schutz bedrohter Tiere, erklärt die Svenska-Rovdjursföreningen-Initiative. Sie will sich, zusammen mit anderen Naturschutzorganisationen wie dem WWF, nun an die EU-Kommission wenden und hofft, dass diese Schweden vor dem Europäischen Gerichtshof verklagt.
Im Nachhinein steht bereits jetzt fest, dass die Wölfe völlig zu Unrecht verleumdet und getötet wurden. Denn aktuelle DNA-Untersuchungen aus Schweden ergaben, dass die Hälfte aller vermeintlichen Wolfsrisse in Wirklichkeit auf das Konto von Hund und Fuchs gehen. Auch dem Autoverkehr fallen alljährlich zwanzig bis dreißig Tiere zum Opfer. Oder sie »verschwinden« spurlos, die meisten durch illegale Jagd. Aber diese Fakten werden der Öffentlichkeit verschwiegen.

»Absurdes Gemetzel« an norwegischen Wölfen

Fast noch bedrohlicher ist die Lage der Wolfspopulation in Norwegen. Nicht einmal, dass der Wolf in Norwegen mit kaum mehr als zwanzig Exemplaren auf der Roten Liste als vom Aussterben bedrohte Art geführt wird, ist für ihn eine Lebensversicherung. Denn selbst bei dieser extrem geringen Zahl hielt es das Umweltministerium noch für gerechtfertigt, bereits im Jahr 2005, zur Freude von fast 400 Jägern, fünf Tiere zum Abschuss freizugeben, was einem Viertel der gesamten norwegischen Population entspricht. Man findet kaum Worte für dieses Verhalten, das der WWF als »absurdes Gemetzel« bezeichnete. Zudem sei diese Strategie »meilenweit von international akzeptierten Standards im Wildtier-Management entfernt«, so der WWF weiter.
Nach Schätzungen norwegischer und schwedischer Forscher müssten etwa 800 Wölfe im Süden Skandinaviens leben, um das Überleben der Art in dieser Region zu ermöglichen und einen ausreichend großen Genpool zu sichern. Platz wäre genügend für die Tiere vorhanden. Dass ein friedliches Miteinander von Mensch und Wolf funktioniert, beweist das viel dichter besiedelte Italien, wo vor den Toren Roms intakte Wolfspopulationen leben, ohne gejagt zu werden.

Nordamerika: Wolfsland fast ohne Wölfe

Das massenhafte Abschlachten von Wölfen machte leider nicht an den Grenzen Europas halt. Die Vernichtung der Wolfspopulationen setzte sich auch in Nordamerika fort und löschte fast den kompletten Bestand (ca. 99 Prozent) aus. Lediglich in einem Prozent des ehemaligen Verbreitungsgebietes ist der Wolf noch heute anzutreffen.

Bereits mit dem Besiedeln Nordamerikas durch die ersten europäischen Einwanderer begann der Niedergang des Wolfs, der bis dahin jahrtausendelang in Einklang mit der Natur und den Ureinwohnern lebte.

Die Viehwirtschaft der Einwanderer war es schließlich, die den Untergang der Wölfe heraufbeschwor. Da der Wolf – wie soll er auch? – keinerlei Unterschiede zwischen wilden Tieren und Nutztieren der Menschen macht, wurde er auch hier seit den frühen 1630er-Jahren unerbittlich verfolgt und war Ende des 20. Jahrhunderts in den USA fast völlig ausgerottet. Nur die Gebirge in den westlichen US-Bundesstaaten erwiesen sich als letzte Zufluchtsstätten, aber auch hier leben heute kaum noch Wölfe. Durch beispielhafte Wiederansiedlungsprojekte bemüht man sich seit Mitte der 1990er-Jahre in den USA jedoch um Schadensbegrenzung und Wiedergutmachung. Mehr darüber erfahren Sie im letzten Kapitel.

Der ehemals in vielen Teilen Nordamerikas beheimatete Timberwolf schaut hier zu recht etwas traurig in die Kamera. Sein Bestand wurde fast gänzlich ausgerottet.

Der Waidmann als Todfeind des Wolfes – bis heute

Blicken wir zum Abschluss dieses leidvollen Kapitels nun als traurigen Höhepunkt noch auf die gegenwärtige Situation der Beziehung zwischen Waidmann und Wolf in Deutschland.

Was heute kaum noch jemand weiß, ist, dass auch nach Gründung der DDR der Wolf ganzjährig gejagt werden durfte. Immer wieder wanderten gelegentlich Wölfe aus dem Osten ein (und sogar Elche, von denen ich im April 1994 zu meinem größten Erstaunen nahe meinem damaligen Heimatort Domsdorf tatsächlich ein männliches Exemplar am Rande des ehemaligen Tagebaus beobachten konnte). Diese waren allerdings nicht willkommen, denn in der DDR wurden seit ihrer Gründung 1949 bis zu ihrem Ende 1989 mindestens 28 wild lebende Wölfe geschossen. Noch in den 1980er-Jahren hat man in Mecklenburg-Vorpommern drei Wölfe »legal« erlegt. Aber selbst die Unterschutzstellung des Wolfes, die mit der Wiedervereinigung im Jahr 1990 in Kraft trat, war kein Garant für seinen Schutz. Allein in Brandenburg wurden zwischen 1990 und 2000 mindestens vier Wölfe illegal geschossen. Hinzu kommen zwei Exemplare als Verkehrsopfer.

Schießen, Schaufeln, Schweigen

Inzwischen weiß fast jedes Kind, dass die zahlreichen Vorurteile, Vorverurteilungen und Rufmordkampagnen gegen den Wolf meist völlig unbegründet sind. Das ändert freilich nichts an der Einstellung derjenigen Jäger, die nach wie vor dem Wolf gegenüber ihren Hass zum Ausdruck bringen. Und leider nicht nur im Wort – an den Tischen der Kneipen, Jägerhütten oder in »Jägermedien« –, sondern auch in der (Straf-)Tat. Sie machen mit dem Wolf »kurzen Prozess«, obschon sie genau wissen, dass dies streng verboten ist. Wie viel unsägliches Leid und Qualen sie den herrlichen Tieren bringen, zeigt nachfolgend eine kurze »Chronologie des Schreckens«. An dieser Stelle möchte ich freilich betonen, dass es nicht mein Ansinnen ist, die gesamte Jägerschaft zu verdammen. Es sind – wie so oft im Leben – immer nur unrühmliche Ausnahmen, die Schlagzeilen machen. Aber leider sehr traurige.

Stellvertretend für alle illegalen Abschüsse nachfolgend also vier exemplarische Fälle der letzten Jahre.

Vorweg sei noch angemerkt, dass die beschriebenen Beispiele nur ebendieses sind – Beispiele. Denn nach wie vor sind viele (vor allem junge) Wölfe – man vermutet allein in der Wolfsregion Lausitz bis zu 13 Tiere – bis heute nicht mehr auffindbar. Vielleicht ist – im besten Falle – ein Teil davon abgewandert, aber mit weitaus größerer Wahrscheinlichkeit wurden die meisten illegal getötet und gleich »beseitigt«, d. h. verscharrt. Dr. Reinhard Möckel, Wolfsbeauftrager des Landes Brandenburg, sprach dies am 12. Mai 2009 bei seinem Vortrag im Kreismuseum Bad Liebenwerda an. Im Jahr 2007 lebten noch vier Wölfe in der Lieberoser Heide (Niederlausitz). »Die sind jetzt aber weg. Wahrscheinlich sind sie illegal abgeschossen worden, anders kann ich mir das nicht erklären«, so Möckel.

15. August 2007: »Wölfin von der Rochauer Heide« erschossen

Die illegale Erschießung der »Wölfin von der Rochauer Heide« sorgte im August 2007 in Brandenburg und weit darüber hinaus für großes Entsetzen unter den Wolfsfreunden. Denn zuvor war ein zweiter Wolf in dieser Region beobachtet worden, was die Chance eröffnet hätte, dass sich dort tatsächlich ein Rudel gründet. Das angerichtete Drama ist also doppelt schlimm. Dessen war sich allerdings der »Waidmann«, der diese ein bis zwei Jahre alte Wölfin auf dem Gewissen hat, ganz bestimmt nicht bewusst. Dass das tödliche Geschoss aus einer Jagdwaffe kam, hat die Obduktion der Wölfin im Leibnitz-Institut für Zoo- und Wildtierforschung (IZW) in Berlin inzwischen zweifelsfrei geklärt.

Der Naturschutzbund (NABU), die Gesellschaft zum Schutz der Wölfe e. V. und der Landesjagdverband Brandenburg (LJVB) sowie der Deutsche Jagdschutz-Verband (DJV) verurteilten den Abschuss des streng geschützten Wolfes gleichermaßen und stellten Strafanzeige. Doch das Ermittlungsverfahren wurde inzwischen eingestellt – leider wieder einmal ergebnislos. Selbst 1000 Euro Belohnung, ausgelobt für sachdienliche Hinweise, die zur Klärung der Tat führen sollten, konnten letztlich nichts bewirken. Und auch die Tatsache, dass Wölfe nicht dem Jagdrecht unterliegen, sondern den Bestimmungen des Naturschutzrechts zufolge streng geschützt sind, änderte nichts. Jedenfalls bezog der LJVB bei dieser Gelegenheit klar Stellung und distanzierte sich deutlich von den »schwarzen Schafen«.

»Die Jägerschaft ist für eine natürliche Einwanderung von Wölfen. Mögliche Konflikte lassen sich nicht mit illegalen Abschüssen lösen, sondern mit Managementplänen«, sagte Dr. Wolfgang Bethe, Präsident des Landesjagdverbandes Brandenburg und DJV-Vizepräsident, und verwies auf das kürzlich veröffentlichte DJV-Positionspapier zum Wolf.

Deutlich ist auch das Statement von Leif Miller, dem NABU-Bundesgeschäftsführer: »Wir setzen uns für ein Zusammenleben von Menschen und Wölfen in Deutschland ein. Wir müssen gemeinsam lernen, mit Rückkehrern wie dem Wolf zu leben«, so Miller.

15. Dezember 2007: qualvolles Ende eines »Wolfes auf Brautschau«

»Jäger erschießen Wolf«, titelte das »Hamburger Abendblatt« am 18. Dezember 2007 noch kurz und knapp. Doch diesmal sollte es erstmals zu einer längeren Geschichte in der Historie der illegalen Wolfsabschüsse in Deutschland kommen.

Wie immer reagierten sowohl Jäger als auch Naturschützer mit Unverständnis und Bestürzung auf den Abschuss des frei lebenden, streng geschützten Wolfes, der sich vermutlich auf Brautschau begeben hatte. Doch es sollte offenbar nicht sein, dass der prächtige Rüde ein Leben als stolzer Rudelboss führen durfte. Drei Jäger, die am 15. Dezember 2007 an einer Gesellschaftsjagd bei Gedelitz im Wendland teilnahmen und mehrfach auf das Tier feuerten, vereitelten dies.

Einer der Gründe für den »Jägerhass« auf den Wolf ist die vermeintliche »Jagdkonkurrenz«, obwohl dies mittlerweile vielfach widerlegt ist und die Jäger selbst in Wolfsrevieren Wild in großer Zahl zum Abschuss zur Verfügung haben.

Die Ermittlungen waren äußerst langwierig und liefen fast zwei Jahre. Sie ergaben, dass insgesamt drei Schützen auf das Tier geschossen hatten, von denen bislang jedoch nur zwei ermittelt werden konnten. Das gegen die 48 und 53 Jahre alten Männer eingeleitete Strafverfahren gipfelte in einem Prozess, der am 26. November 2009 im Amtsgericht Dannenberg stattfand.

»Tötung eines streng geschützten Tieres« lautete die Anklage. Die beiden Angeklagten waren der Staatsanwaltschaft nicht unbekannt. Bereits vor einiger Zeit hatten sie eine Geldstrafe erhalten. Da der Haupttäter, der als Erster auf den Wolf geschossen und ihn lebensgefährlich verletzt hatte, wegen einer Erkrankung nicht teilnehmen konnte, stand nur der 53-jährige Heinrich W. aus Friesoythe vor dem Amtsrichter. Über dreißig Anwesende verfolgten mit Spannung die Verhandlung, darunter fünf Sachverständige und fünf Zeugen.

Ein Zeuge sagte aus, den Wolf vor der Jagd noch unverletzt gesehen und seine Beobachtungen dann dem Jagdveranstalter gemeldet zu haben. Daher stand fest, dass der Wolf vor seiner Erschießung gesund war. Doch das war bereits Geschichte, als der Angeklagte Heinrich W. den zum diesem Zeitpunkt bereits am Vorderbein schwer verletzten Wolfsjunggesellen mit seinem Fernglas entdeckte. Nach kurzer Beobachtungszeit war ihm sogar klar, dass es sich tatsächlich um einen Wolf handelte.

An dieser Stelle muss ich als Autor klar betonen, dass ich die abscheulichen Details, die der Angeklagte »W.« dem Gericht zu Protokoll gab, dem Leser nicht zumuten möchte. Daher hier eine kurze und »entschärfte« Wiedergabe: Nachdem von der Nachbarkanzel des Angeklagten ein Schuss fiel, brach der Wolf zusammen und blieb liegen. Unter offensichtlich entsetzlichen Schmerzen versuchte das Tier fünf Minuten lang vergeblich, sich aufzurichten. Der Schütze vom Nachbarhochsitz – der Hauptangeklagte – sah diesen Qualen tatenlos zu. Erst der Angeklagte W. beendete die unsäglichen Leiden des jungen Wolfes mit einem gezielten Kopfschuss.

Aus Tier- und Naturschutzsicht fiel das Urteil von lediglich fünfzig Tagessätzen à zwanzig Euro sowie Einzug der Waffe viel zu milde aus. Diese Strafe dürfte kaum abschreckende Wirkung zeigen, um künftig Jäger von der Straftat abzuhalten, beim seltensten aller Säugetiere in Deutschland den Finger krumm zu machen. Eine vorsätzliche oder fahrlässige Tötung ist nach Bundesnaturschutzgesetz mit bis 50.000 Euro Geldbuße zu ahnden. Bei vorsätzlicher Tötung eines streng geschützten Tieres kann sogar eine Freiheitsstrafe bis zu fünf Jahren verhängt werden. Davon war dieses Urteil meilenweit entfernt.

22. Januar 2009: das lange Sterben der jungen Wölfin

Noch Schlimmeres als im vorgenannten Fall musste eine junge sächsische Wölfin erleiden, die Ende Januar 2009 von einem Wolfshasser nur angeschossen und dann nicht einmal von den Qualen erlöst wurde. Obwohl es Pflicht eines Jägers ist, ein »krankgeschossenes« Tier so lange nachzusuchen, bis es gefunden wird. Dieses schockierende Erlebnis hatte dann ein Spaziergänger, der am 22. Januar 2009 in dem Waldgebiet südlich des Tagebaus Reichwalde auf die verblutete Wölfin stieß. Gefunden hätte man auch gern den kriminellen Straftäter, der dieses Verbrechen zu verantworten hat. Wie die Untersuchungen des Instituts für Zoo- und Wildtierforschung in Berlin ergaben, wurde diese Wölfin durch einen Bauchschuss tödlich verletzt. Allerdings starb das Tier offenbar nicht sofort, sondern quälte sich mit den schwersten Verletzungen möglicherweise volle ein oder zwei Tage, bis der Tod endlich eintrat.

Unter Tier- und Naturfreunden verursachte dieser Fall erneut Wut, hilfloses Entsetzen und tiefe Trauer. Man ist einfach ratlos, mit welchen Mitteln man diesem schlimmen Frevel begegnen kann. Selbst die 10.000 Euro Belohnung, die der NABU, der WWF, die Gesellschaft zum Schutz der Wölfe und der Freundeskreis freilebender Wölfe für Hinweise zum Tod der erschossenen sächsischen Wölfin aussetzten, konnten bis heute nicht zur Ermittlung der Täter führen.

Hier ein Auszug der am 6. März 2009 veröffentlichten gemeinsamen Presseerklärung der oben genannten Naturschutzverbände zu diesem illegalen Wolfsabschuss:

»Sachsen ist das Hauptgebiet der deutschen Wolfspopulation und Vorbild für ganz Deutschland. Die Täter haben auf besonders perfide und schmerzhafte Art ein geschütztes Tier getötet. Die Tat ist auch als Attacke auf die aktuelle Entwicklung in Sachsen zu werten, in der erstmals alle Bevölkerungsgruppen gemeinsam über das Miteinander von Wolf und Mensch beraten. Hier sollten

Rehe und Wölfe teilen sich von Natur aus den gleichen Lebensraum. Die Wolfsspur rechts stammt vom gleichen Ort wie das Reh-Foto.

mit der Waffe Fakten geschaffen werden, um den Bürgern in der Lausitz die Entscheidung über das Zusammenleben mit den Tieren von vornherein zu verbauen.«

Wie schon mehrfach erwähnt, verurteilen die Naturschutzverbände auf das Schärfste solch illegales Handeln und betonen immer wieder, dass Wölfe nicht dem Jagdrecht unterliegen, sondern nach den Bestimmungen des Naturschutzrechts streng geschützt sind. Somit ist jeder illegale Abschuss eines Wolfes eine Straftat.

8. Juni 2009: das Wolfswunder von Altengrabow

Als vierte und letzte Geschichte soll ein höchst bemerkenswertes, ja in der neueren Wolfsgeschichte Deutschlands wohl einmaliges »Familiendrama mit relativem Happy End« Erwähnung finden und einen würdigen und sogar etwas versöhnlichen Abschluss unter dieses an leidvollen Wolfstragödien so reiche Kapitel setzen.

Es ist Frühsommer des Jahres 2009, und im östlichen Sachsen-Anhalt, nahe der Grenze zu Brandenburg, tummelt sich in einem Waldstück in der Region Tuchheim, im Jerichower Land, eine gesunde, siebenköpfige Wolfsfamilie: Elternpaar und fünf Welpen. Schon ein Jahr zuvor – Mitte 2008 – machte das damals noch kinderlose Paar Schlagzeilen, als es auf dem Truppenübungsplatz Altengrabow erstmals nachgewiesen werden konnte. Das militärische Gebiet, das etwa zehn Kilometer südlich von Tuchheim liegt, zählt offensichtlich zum erweiterten Revier des Wolfsrudels. Der immense Lärm, der bisweilen auf Truppenübungsplätzen herrscht, störte die Wölfe offenbar nicht.

Der seit 1893 betriebene und 1994 von der Bundeswehr übernommenen Platz sowie besonders die nördlich und südlich angrenzenden großflächigen und wildreichen Waldgebiete bieten Wölfen relativ gute Lebensbedingungen. Freilich müssen sich die Wölfe in Deutschland ihre Reviere mit Jägern teilen. Das klappt meist recht gut, aber eben nicht immer und nicht überall. Die weise Erkenntnis, dass von der »Beute« genügend vorhanden und sie für Wölfe und Jäger mehr als ausreichend ist, setzt sich zwar auch in Jägerkreisen mehr und mehr durch, doch leider noch nicht bei jedem. Und genau diese »Hardliner« sind es, die mit ihren unbegründeten Vorurteilen noch immer gegen den Wolf zu Felde ziehen und damit nicht nur dem Natur- und Artenschutz, sondern auch dem Ruf der Jägerschaft, die den Wolf zum allergrößten Teil mittlerweile respektiert, schweren Schaden zufügen.

So kam es, wie es kommen musste. Arglos lief das Familienoberhaupt des eingangs erwähnten Rudels am 8. Juni 2009 in das Blick- und Schussfeld eines grimmigen Schützen. Und obwohl gewiss 99 von hundert Menschen über diese Beobachtung hocherfreut gewesen wären, der Jäger ist es nicht. Er legt an und drückt ab. Der Wolfsrüde fällt tot zu Boden.

Dass dem Schützen bewusst gewesen sein muss, dass er vorsätzlich handelte und damit eine schlimme Straftat beging, bestätigte später ein Sprecher des Umweltministeriums: »Es gibt Grund zu der Vermutung, dass er wusste, worauf er schoss«, sagte er. Empört zeigte sich auch Umweltministerin Petra Wernicke, die den Abschuss verurteilte. »Der Umgang mit streng geschützten Arten ist jagdliches Grundwissen. Dies zu ignorieren ist unentschuldbar«, sagte sie.

Wieder erhob sich ein Sturm der Entrüstung, Wut und Trauer quer durch das deutsche Wolfsland. Der Schaden, den der Todesschütze in diesem speziellen Fall angerichtet hatte, war besonders verheerend. Denn der Rüde war der Haupternährer der Familie. »Die Betreuung des Nachwuchses wird von beiden Elternteilen übernommen. Der Tod des Vaters verschlechtert die Versorgungssituation des Nachwuchses dramatisch. Damit ist die Zukunft des ersten Wolfsrudels Deutschlands außerhalb von Sachsen stark bedroht«, sagte NABU-Wolfsexperte Markus Bathen in seinem Statement vom Juni 2009. Wie immer reagierte der NABU »mit Unverständnis und Bestürzung« auf die Nachricht vom Abschuss des Wolfes und stellte Strafanzeige gegen den Schützen. »Der Wolf ist Teil der heimischen Natur. Jedes Individuum steht unter strengem Naturschutz und ein unerlaubter Abschuss ist eine Straftat«, appellierte NABU-Präsident Olaf Tschimpke an die Adresse all jener, die das noch immer nicht verstanden hatten.

Auch wenn nach dem Bundesnaturschutzgesetz »eine vorsätzliche oder fahrlässige Tötung« mit bis zu 50.000 Euro Geldbuße geahndet werden kann, so wissen wir aus dem oben geschilderten Prozess zum illegalen Abschuss des »Wendland-Wolfes«, dass das Androhen eines solchen Höchststrafmaßes wenig Sinn macht, wenn gerade einmal zwei Prozent davon real verhängt werden. Ganz zu schweigen von der »Freiheitsstrafe bis zu fünf Jahren«, die bei vorsätzlicher Tötung eines streng geschützten Tieres ebenfalls möglich ist. Ein der Abschreckung dienendes Strafmaß, das nicht einmal annähernd ausgeschöpft und umgesetzt wird, ist und bleibt ein »zahnloser Tiger«.

Doch zurück zu unserem Altengrabower Wolfsrudel, wo sich zwischenzeitlich tatsächlich ein echtes Wunder ereignete, oder genauer gesagt gleich zwei. Das erste geschah schon Anfang Dezember 2009, als dank im Gelände aufgestellter Fotofallen der Beweis erbracht werden konnte, dass die Wolfsfähe es tatsächlich geschafft hatte, alle fünf Welpen allein großzuziehen. Die Bedeutsamkeit dieser Tatsache wird erst richtig klar, wenn man weiß, dass selbst dann, wenn beide Eltern sich um die Jungen kümmern, nicht selten die Hälfte der Jungen innerhalb des ersten Lebensjahres sterben.

Hoffentlich erblicken die Augen des neuen Altengrabower Wolfsrüden bald die »Wolfsheldenmutter« dieses Reviers.

Die geradezu übernatürlichen Kräfte, die die Wolfsmutter zu dieser »Heldentat« aufbringen musste, ringen uns großen Respekt und Bewunderung ab. Sie zeigen, zu welchen Leistungen eine Mutter imstande ist, wenn der absolute Ernstfall eintritt.

Und das zweite »Wunder« – man möchte es fast als göttliche Fügung bezeichnen – ließ nicht lange auf sich warten: Die Wolfsexperten dieser Region, die durch Sammeln von Kotproben und Fotofallen das Leben der Wölfe untersuchen, konnten die sensationelle Kunde unter die Wolfsfreunde bringen, dass seit Februar 2010 ein neuer, bisher unbekannter Wolfsrüde auf dem Truppenübungsplatz umherstreift. Dieser Rüde kann sich aller guten Wünsche gewiss sein: dass er nicht nur einen Schutzengel zur Seite bekommen möge, sondern dass er und die Altengrabower »Wolfswitwe« ein glückliches Paar werden und in den nächsten Jahren in diesem Wolfsrevier viele neue Wolfsbabys das Licht der Welt erblicken und am Leben bleiben.

Mythos Wolf

Der Wolf als Sinnbild für Kampf und Tod

Jede Kultur, in der Wölfe als Wildtiere vorkommen oder vorkamen, kennt auch Wolfsmythen. Im alten Europa wurde die Geschichte des Wolfes – zumindest anfänglich – überaus ruhmvoll und ehrenhaft geschildert. Die Wolfsmythen der Kelten sind ein beredtes Beispiel dafür; bereits Jahrhunderte vor Christi Geburt zog der Wolf in die Mythenwelt des sagenumwobene Volkes ein.

Die Kelten hatten zunächst eine positive Einstellung zum Wolf. Die Geschichte des irischen Königs Cormac mac Art, der in der Zeit von 227 bis 266 n. Ch. regiert haben soll, berichtet sogar von einer wölfischen Ziehmutter, die sich seiner als Baby angenommen und wie ihr eigenes Kind großzogen hatte. Der spätere König galt wegen seiner Weisheit und Gerechtigkeit zu seiner Zeit sogar als »irischer Salomo«.

Inhalt vieler Keltensagen waren auch die Verwandlungen der Helden in Tiere, wie eben den Wolf. Davon betroffen waren unter anderem Mongan, ein keltischer Weltenkrieger, sowie die keltische Göttin Morrigan. Sie erschien mal als schöne junge Frau, mal als hässliche Alte, aber auch in Gestalt einer Krähe, eines Raben, eines Aals – und eines Wolfs.

Vorhergehende Doppelseite: Wölfe in der Dämmerung heulen zu hören ist für jeden ein starkes Erlebnis.

Sinnbild des germanischen Kriegers

In der altgermanischen Götterwelt wurde der Wolf unter seinem Herrscher Odin – der höchsten Gottheit der Germanen – ebenfalls hoch geachtet.

Odin gilt nicht nur als erste Gottheit, sondern auch als Kriegs-, Toten- und Sturmgott, wo er Anführer des Wuotan'schen Heeres war. Man stellte sich Wuotanes als ein Heer aus 432.000 Geistern vor, dem 24 schwarze Hunde vorauseilten. Diese Toten- und Windgeister ritten vor allem in den Raunächten (den 6 Nächten vor und nach Neujahr) durch die Lüfte, die durchdrungen waren von ihren Jagdrufen.

Von seinem Thron Hlidskialf aus überblickte Odin die gesamte Welt. Um ihn kreisten die Raben Hugin (»Gedanke«) und Munin (»Erinnerung«), zu seinen Füßen wachten die Wölfe Geri und Freki (nordisch »der Gierige« und »der Gefräßige«) – die berühmtesten Wölfe der germanischen Mythologie überhaupt. Wie die Raben Hugin und Munin begleiteten sie Odin, der zudem Gott der Runenweisheit und Schutzgott der Skalden war.

Der »Edda« zufolge verzehrten Geri und Freki in Walhall alle Speisen, die Odin gereicht wurden, während dieser sich nur von Met (Honigwein) ernährte.

Magische Kräfte durch Wolfsfelle

Der Wolf als Sinnbild für Kampf und Tod stand bei den Germanen immer in Verbindung mit dem ruhmvollen Tod eines Kriegers oder Herrschers.

In der kriegsbestimmten Gesellschaft der Germanen wurden Wölfe auch deshalb verehrt, weil sie die Leichen der gefallenen gegnerischen Krieger fraßen. Germanische Krieger, »Ulfhepnar« (Wolfshäuter) genannt, kleideten sich in Wolfsfelle, um die Kraft der Wölfen zu erlangen. »Den Wolfspelz anlegen« war nahezu gleichbedeutend mit Gewalt anwenden.

Das Wort »Wolf« selbst stammt übrigens von dem altgotischen Verb »vilvan« ab, was »rauben« bedeutet. Und Raub galt in der germanischen Kriegergesellschaft als Heldentat.

Kein anderes Volk brachte dem Wolf so viel Verehrung entgegen wie die Germanen, wo er als göttlicher Schamane gesehen wurde, der das Licht verschlingt, damit die Welt neu geboren werden kann (siehe unten die Geschichte vom Fenriswolf). Der Wolf war Sinnbild der Geheimnisses von Leben und Tod.

Ganz besonders schätzten die Germanen die heroischen Eigenschaften des Wolfes: Tapferkeit, Mut und Ausdauer. Damit sich diese Wolfs-Eigenschaften auf sie übertrugen, ga-

In dieser Darstellung von 1888 sitzt Odin auf seinem Thron mit dem seltsamen, aus der altnordischen Mythologie stammenden Namen »Hlidskialf«, umgeben von einem Wolfs- und Rabenpaar.

ben sie ihren Kindern entsprechende Namen. Auf kriegerische Wurzeln bzw. den Wolf als Metapher des tapferen Kriegers verweisen noch heute Eigennamen wie Adolf (der Edelwolf) oder Rudolf (der Ruhmwolf) sowie Wolfgang (der Held, der dem Wolf des Sieges vorangeht) und Wolfhard (kühn wie ein Wolf).

Fenris, Verschlinger der Sonne

Einer der bekanntesten Wölfe der germanischen Mythologie war Fenris, das erstgeborene Kind des Feuergottes Loki und der Riesin Angurboda. Vermutlich hängt sein Name mit dem altnordischen Wort »Fen« (= Sumpf) zusammen, das heute noch im englischen Sprachraum ein Moor bezeichnet.

Schnell ahnten die Götter, dass vom Fenriswolf eine Gefahr ausging, und brachten ihn nach Asgard (dem Sitz der Götter), damit sie ihn unter Aufsicht hatten. Auch in Gefangenschaft wurde der Fenriswolf freilich von Tag zu Tag größer und kräftiger. Bald fühlten sich die Götter bedroht und bekamen Angst, er würde sie alle verschlingen. Daher beschlossen sie, ihn in Ketten zu legen. Diese zerriss er aber mühelos. Dann versuchten sie es mit Gleipnir, einer magischer Fessel, die von Elfen gefertigt worden war. Damit wollte man Fenris an einen Felsen ketten, angeblich als »Kraftprobe«. Gleipnir bestand aus so mysteriösen »Materialien« wie dem Geräusch des Katzentritts, den Bärten der Frauen, den Sehnen der Bären, den Wurzeln der Berge, dem Atem der Fische und dem Speichel der Vögel.

Weil Fenris Verdacht schöpfte, forderte er ein Faustpfand im wahrsten Sinne: einer der Götter sollte ihm die rechte Hand ins Maul halten. Der Kriegsgott Tyr stellte sich schließlich zur Verfügung. Als man Fenris die Fesseln umlegte, bemerkte er den Betrug, denn je stärker er daran riss, umso enger zogen sie sich um den Wolf. Vor Verärgerung darüber biss er Tyr die rechte Hand ab. Doch es half alles nichts, er blieb gefesselt. Befreien konnte sich der Riesenwolf erst zu Ragnarök (Untergang der alten Welt), als er gegen Odin in den Kampf zog und ihn tötete. Dadurch, dass Fenris die Sonne verschlang und so den Untergang der Welt herbeiführte, machte er deren Neuentstehung möglich. Für den Fenriswolf selbst nahm die Geschichte allerdings kein gutes Ende, denn er wurde letztlich von Odins Sohn Vidar getötet.

Prophetenworte über »böse« und »gute« Wölfe

Auch in den Mythologien des Nahen Ostens, Asiens und Amerikas spielte der Wolf eine herausragende Rolle. Einige Geschlechter asiatischer Völker leiteten ihre Herkunft von mythologischen Wölfen ab, so etwa der turko-mongolische Stamm Dschingis Khan, der den mythischen Wolf Bört-a-Tschao zum Ahnen hatte. Bei den Irokesen gab es »Sippen des Wolfes«, denn die nordamerikanischen Ureinwohner sahen sich selbst als Wolfskinder. Der Wolf wurde hier also nicht als Bedrohung gesehen.

Ganz anders im Alten Orient, in Palästina, wo die Hütewirtschaft verständlicherweise zu Konflikten mit Wölfen führte. Wohl aus diesem Grund kamen sie auch in der Bibel nicht gut weg.

Schon im Alten Testament, wo der Wolf sieben Mal Erwähnung findet (im Neuen Testament fünf Mal), wird der Wolf als Sinnbild des Bösen dargestellt. »Benjamin ist ein reißender Wolf; des Morgens wird er Raub fressen, und des Abends wird er Beute austeilen«, heißt es im 1. Mose 49, 27. Auch der Prophet Hesekiel wählt das Bild vom »bösen Wolf«, als er sich über die Unarten der Fürsten Jerusalems heftig erzürnt: »Ihre Fürsten sind darin wie die reißenden Wölfe, Blut zu vergießen und Seelen umzubringen um ihres Geizes wollen« (Hesekiel 22, 27).

In strahlendem Licht hingegen erscheinen die Wölfe beim »König der Propheten«, Jesaja, als er zunächst vom Friedensreich des Messias sprach: »Die Wölfe werden bei den Lämmern wohnen und die Parder bei den Böcken liegen« (Jesaja 11, 6). Und für alle Christen ist es hochtröstlich zu wissen, dass in der neuen Schöpfung – dem neuen Himmel und der neuen Erde – aus den »reißenden« Wölfen (und sogar Löwen) »lammfromme« Tiere werden: »Wolf und Lamm sollen weiden zugleich, der Löwe wird Stroh essen wie ein Rind« (Jesaja 65, 25).

Der Fenriswolf und die Midgardschlange vor der Felsenhöhle, in der Loki sitzt (aus dem Jahr 1882).

»Lammfromm« scheint auch dieser »lächelnde« Wolf zu sein.

Eine Wölfin säugt die Gründer eines Weltreiches

Ein ähnlich positives Wolfsbild, wie es Jesaja so friedvoll darstellte, hatte man auch im antiken Griechenland. Nach alten Sagen und Legenden sollen Wölfe Menschen vor noch wilderen Tieren beschützt haben. Aphrodite, die Göttin der Liebe und Schönheit, wurde oft in Begleitung eines Wolfes dargestellt. Er sollte ihr als Schutz zur Seite stehen.

Im antiken Rom erlangte der Wolf besondere mythologische Bedeutung. Der Sage nach säugte eine Wölfin die beiden Stadtgründer, Romulus und Remus. Man brachte der Wölfin Ehrerbietung entgegen und sah sie fortan als Symbol mütterlicher Aufopferung und Fruchtbarkeit an. Die Sage gilt als eine der bedeutendsten der Antike.

Die Sage von Romulus und Remus – der Gründungsmythos von Rom

Wir schreiben das 8. Jahrhundert vor Christi. Zu jener Zeit herrscht in der antiken mittelitalienischen Region Latium der Albanerkönig Prokas, einer der königlichen Nachkommen aus dem Stamm der Äneas. Nach seinem Tode hinterließ Prokas zwei Söhne, Numitor Silvius und Amulius, die vom Charakter her jedoch äußerst verschieden waren. Numitor Silvius, der Ältere, hatte ein sanftmütiges Wesen, während Amulius aufbrausend und herrschsüchtig war. Seine Herrschsucht trieb Amulius sogar dazu, den eigenen Bruder und rechtmäßigen König von Alba Longa, vom Thron zu stoßen und aus dem Lande zu verbannen. Aus Angst vor Vergeltung ließ er den Sohn von Numitor Silvius auf der Jagd heimtückisch töten. Die Tochter Numitors, Rhea Silvia, gefiel ihm jedoch. Er machte sie zur Priesterin der Vesta, einer Göttin der römischen Religion und keusche Hüterin des heiligen Feuers.

Amulius stellte Rhea Silvia aber eine Bedingung: Sie musste, solange sie im Dienst Vestas stand, unvermählt bleiben, um seine unrechtmäßige Herrschaft nicht zu gefährden. Rhea Silvia war voller Schönheit und Anmut. Das blieb auch dem Kriegsgott Mars nicht verborgen; nachdem er sie erblickt hatte, verliebte er sich sogleich in die Jungfrau und vermählte sich heimlich mit ihr. Als Rhea Silvia nun ein Zwillingspaar gebar, erzürnte Amulius wie ein Wüterich. Er fürchtete, dass die Kinder, Enkel des rechtmäßigen Königs Numitor Silvius, sich einst an ihm bitter rächen könnten.

Rhea Silvia wurde wegen ihres Vergehens mit dem Tode bestraft. Die Zwillinge setzte ein Diener auf Geheiß des Königs in den Tiber, der gerade Hochwasser führte, und überließ sie in dem Körbchen ihrem Schicksal. Nach vielen Tagen endlosen Schaukelns auf den unruhigen Wogen des Tiber gelangte der Korb schließlich in eine Landschaft, die von sieben Hügeln gekrönt war. Dort verfing er sich im Geäst eines Feigenbaumes und stand, nachdem das Wasser gefallen war, wieder auf dem Trockenen.

Dieses Bild zeigt eine der berühmtesten Szenen der Antike überhaupt: die an einer Wölfin säugenden Brüder Romulus und Remus. Hierzu wurden und werden seit Jahrtausenden Skulpturen angefertigt, die sehr eindrucksvoll die Kernbotschaft dieser Sage darstellen.

Inzwischen machte sich Kriegsgott Mars große Sorgen um das Schicksal seiner Söhne und sandte ihnen geheiligten Tiere. So zog von der Höhe des Berges Palatinus eine Wölfin zum Tiber, um ihren Durst zu löschen. Sofort bemerkte sie die hilflosen Kinder, schleppte sie in ihre weich gepolsterte Höhle und säugte sie. Unterstützung bekam die Wölfin von einem Specht, dem heiligen Vogel des Mars; er brachte Körner und Samen, um die heranwachsenden Zwillinge mit kräftigerer Nahrung zu versorgen.

Eines Tages kam Faustulus, der oberste Hirte des Königs Amulius, auf der Suche nach einem seiner Tiere des Weges und bemerkte das seltsame Schauspiel in der Höhle. Er nahm die Brüder bei sich zu Hause auf, gab ihnen die Namen Romulus und Remus und zog sie zusammen mit seiner Frau groß.

Bald wuchsen die Zwillinge zu kräftigen Jünglingen heran, durchstreiften mit ihren Altersgenossen die ländliche Wildnis und bauten sich auf dem Palatinischen Berge ihre Hütten. Häufig mussten sie, jeder Führer einer treuen Gefolgschaft, ihre Kraft mit wilden Tieren messen, welche die Herden bedrängten. Auch kam es oft zum Streit mit anderen Hirten, besonders mit denen des vertriebenen Königs Numitor, der auf einem kleinen ländlichen Gut ein zurückgezogenes Leben führte.

Eines Tages geschah es, dass Remus sich im Streit mit den feindlichen Hirten deren Übermacht nicht erwehren konnte und von ihnen gefangen genommen und weggeschleppt wurde. Als sie ihn vor ihren Herrn, den greisen Numitor, brachten, blickte dieser tief betroffen auf den Jüngling; die Ähnlichkeit mit seinem Sohn schien ihm unverkennbar. Bald darauf zogen, getrieben von der Sorge um Remus, der treue Faustulus und Romulus an Numitors Hof, um den Gefangenen freizubitten. Faustulus erzählte dem Alten nun die ganze Geschichte, und überglücklich umarmte Numitor, der rechtmäßige König, seine beiden jungen Enkel.

Nun schworen Romulus und Remus vor allem Volk, das herbeigeströmt war, den Eid auf die ihnen zustehende Herrschaft. Die beiden riefen ihre Gefährten und die anderen Männer zum Vergeltungsfeldzug auf. Sie zogen nach Alba Longa in die Burg des Königs Amulius, der bei diesem Kampf den Tod fand. Unter dem stürmischen Jubel des Volkes setzten Romulus und Remus ihren Großvater wieder in seine königlichen Rechte ein.

Als Dank durften sie, an der Stelle, an der sie gestrandet waren, eine Stadt gründen. Sofort machte sich Romulus ans Werk, er zog eine heilige Furche, die die Begrenzung der Siedlung bestimmte, und ließ Mauern und Gräben anlegen. Doch wer sollte Namensgeber geben und König dieser Stadt sein? Beide Brüder erhoben Anspruch darauf, da sie aber Zwillinge waren, konnte keiner von beiden das Recht der Erstgeburt geltend machen. »Lasst euch euer Handeln durch die Götter zeigen und ihren Willen durch den Flug der Vögel erkunden«, antwortete Numitor, als die Brüder ihn um Rat fragten. Schließlich folgten sie den Worten des Großvaters und einigten sich darauf, dass derjenige, dem die Schicksalsvögel zuerst ein glückliches Zeichen geben würden, König werden sollte.

Viel Zeit ging nun ins Land. Sie warteten und warteten auf die göttliche Weisung. Romulus auf dem Berge Palatin und Remus auf dem Aventin. Endlich zeigten sich Remus sechs Geier, die den Berg umkreisten. »Heil Remus, unserem König!«, jubelten seine Begleiter und eilten sogleich zu seinem Bruder, um ihm die Kunde zu bringen, dass Remus der Erwählte sei. Als sie auf dem Palatin ankamen, flogen plötzlich unter großem Getöse von Blitz und Donner zwölf Geier vorüber. »Dies Zeichen gilt mir, ich soll König werden!«, rief nun Romulus voller Stolz aus, »denn mir ist die doppelte Zahl der göttlichen Vögel erschienen!« Doch Remus brachte seinem Bruder nur Spott entgegen. Und mehr noch: Um ihn zu verhöhnen, sprang er über die noch niedrige Mauer der Siedlung in das Innere der Anlage. Damit verletzte er das Gesetz, denn jede Mauer einer Stadt galt als heilig. Tobend vor Zorn griff Romulus seinen Bruder an und erschlug ihn mit seinem Schwert. »So möge es jedem ergehen, der über meine Mauern springt!«, rief er laut ins Volk.

Trotz des Brudermordes herrschte Romulus weise und umsichtig in der 753 v. Chr. gegründeten Stadt. Er hatte 37 Jahre lang regiert, als sich während einer Heerschau auf dem Marsfeld ein gewaltiger Orkan erhob und Romulus auf einer Wolke vor den Augen seines Volkes entschwand. Mars selbst war gekommen, um seinen Sohn auf einem feurigen Wagen in den Kreis der Götter zu geleiten. Das Bild der Wölfin mit den beiden trinkenden Säuglingen, sei es als Skulptur oder als Gemälde, begegnet einem heute allenthalben – und nicht nur in Rom.

Wolfslegenden und legendäre Wölfe

Der Sackpfeifer und der Wolf bei Spandau

Die nachfolgende Wolfssage aus dem ausgehenden 17. Jahrhundert ereignete sich in der Region des heutigen Berlin.

Man hat in der Nähe von Spandau um das Jahr 1690, um die vielen dort hausenden Wölfe zu fangen, hin und wieder gewisse Wolfsgruben gemacht, welche unten weit, oben aber etwas enger und mit glatten Brettern ausgelegt waren. So ist ein Sackpfeifer, der in Spandau von seinem Gewerbe sich einen Trunk zu Gute gethan, des Weges gekommen und in eine solche Wolfsgrube hineingefallen, hat sich aber sehr verwundert, als er gesehen, daß die Stelle schon von einem Wolfe besetzt gewesen, welcher dazu über diese hastige Zusprache etwas beunruhigt worden und sein Mißfallen durch Weisung seiner Zähne zu verstehen gegeben. Hierüber hätte der verirrete Musicus sich nun wohl einige verlegene Gedanken machen sollen, allein der annoch frische Rausch hat ihm einen so guten Muth zugesprochen, daß er seine Sackpfeife zur Hand nimmt und dem Wolfe eins vorspielt, der auch nicht faul gewesen und mit seiner durchdringenden Stimme dem Concert einen guten Nachdruck gegeben und den Sackpfeifer accompagniret, wobei jedoch der Sackpfeifer nach seinen Pausen von der Instrumental- zur Vocalmusik geschritten und bald ein Adagio, bald ein Presto, endlich auch ein Lamento angestimmt, und die Jäger solchergestalt herzugebracht, welche ihn von dem gefährlichen Bassisten befreit.

Mit solcher oder ähnlich grimmiger Miene muss wohl der Wolf dem Sackpfeifer zunächst gegenübergestanden haben, um dann aber schließlich doch mit seiner gewaltigen Stimme fröhlich in dessen Gesang mit einzustimmen.

Der Wolf und der Tannenzapf

Im Dom zu Aachen ist an dem einen Flügel des eisernen Kirchentors ein Spalt und das Bild eines Wolfs nebst einem Tannenzapfen zu sehen, beide aus Erz gegossen. Folgende Sage ist dazu überliefert:

Vorzeiten, als man diese Kirche zu bauen angefangen, habe man mitten im Werk einhalten müssen aus Mangel an Geld. Nachdem nun die Trümmer eine Weile so dagestanden, sei der Teufel zu dem Ratsherrn gekommen mit dem Erbieten, das benötigte Geld zu geben unter der Bedingung, daß die erste Seele, die bei der Einweihung der Kirche in die Türe hineinträte, sein eigen würde. Der Rat habe lang gezaudert, endlich doch eingewilligt und versprochen, den Inhalt der Bedingung geheimzuhalten. Darauf sei mit dem Höllengeld das Gotteshaus ausgebaut, inmittelst aber auch das Geheimnis ruchbar geworden. Niemand wollte also die Kirche zuerst betreten, und man sann endlich eine List aus. Man fing einen Wolf im Wald, trug ihn zum Haupttor der Kirche, und an dem Festtag, als die Glocken zu läuten anhuben, ließ man ihn los und hineinlaufen. Wie ein Sturmwind fuhr der Teufel hintendrein und erwischte das, was ihm nach dem Vertrag gehörte. Als er aber merkte, daß er betrogen war und man ihm eine bloße Wolfsseele geliefert hatte, erzürnte er und warf das eherne Tor so gewaltig zu, daß der eine Flügel sprang und den Spalt bis auf den heutigen Tag behalten hat. Zum Andenken goß man den Wolf und seine Seele, die dem Tannenzapf ähnlich sein soll, in Eisen. Die Franzosen hatten beide Altertümer nach Paris geschleppt, 1815 wurden sie zurückgegeben und zu beiden Seiten der Türe auf Postamenten wieder hingestellt.

Wie der heilige Franziskus einen Wolf bekehrte

Eine der schönsten Wolfslegenden überhaupt stammt aus historischer Zeit, dem Italien des 13. Jahrhunderts. Sie soll hier den Auftakt bilden, bevor die bekanntesten Wolfsgeschichten des neuzeitlichen Deutschland folgen.

Gubbio ist eine Stadt im Herzen Italiens. Zu Beginn des 13. Jahrhunderts geschah hier eine wunderbare, anrührende und bis in die heutigen Tage faszinierende Begebenheit:

Zu dieser Zeit war Franz von Assisi (1182 bis 1226), der spätere berühmte hl. Franziskus, auf dem Weg nach Gubbio. Es begab sich, dass in der Umgebung der Stadt ein Wolf von, wie man sagte, »schrecklicher Größe und grimmiger Wildheit« lebte. Da er schon viele Tiere gerissen hatte und Angst und Schrecken verbreitete, fürchteten sich die Menschen vor ihm und trauten sich nicht mehr, unbewaffnet die Stadtmauern zu verlassen.

Wie ein zahmer Hund folgt hier der Wolf dem heiligen Franziskus bis vor die Tore der Stadt.

Der selige Franz, wie man ihn auch nannte, kam gerade in Gubbio an. Er empfand großes Mitleid mit den Leuten und beschloss, dem Wolf entgegenzutreten. Die Bürger warnten ihm: »Hüte dich, Bruder Franz! Geh nicht vors Stadttor, der Wolf, der schon viele gefressen hat, wird dich jämmerlich töten.« Der heilige Franziskus aber setzte seine Hoffnung auf den Herrn Jesus Christus. Und so schritt er, nicht mit Schild und Helm gewappnet, sondern unter dem Schutze des heiligen Kreuzzeichens, mit einem Gefährten vor das Stadttor und trat ohne Furcht dem Wolf gegenüber.

Die vielen Menschen, die von erhöhten Orten aus zuschauten, erschraken, als der schreckliche Wolf mit offenem Rachen auf den heiligen Franz und seinen Gefährten zulief. Der selige Vater aber schlug über dem wilden Tier das Zeichen des Kreuzes. Und augenblicklich zähmte die göttliche Kraft, die von ihm wie von dem Gefährten ausging, den Wolf. Urplötzlich hielt er inne, und der schaurig aufgesperrte Rachen schloss sich. Franz rief ihn zu sich und sprach: »Komm zu mir, Bruder Wolf! Im Namen Christi befehle ich dir, weder mir noch sonst jemandem einen Harm zu tun!« Und welch ein göttliches Wunder geschah nun: Wie der Heilige ihm be-

fohlen, kam der Wolf gesenkten Kopfes heran und legte sich gleich einem frommen Lamm zu seinen Füßen.

Wie er so vor ihm dalag, sprach der heilige Franz: »Bruder Wolf, du richtest viel Schaden in dieser Gegend an, da du Gottes Geschöpfe erbarmungslos umgebracht hast. Darum verdienst du, dass man dich als Räuber einem schrecklichen Tod überliefert. Alle klagen mit Recht über dich, und die ganze Gegend ist dir Feind. Aber jetzt, so höre Bruder Wolf, will ich zwischen dir und den Leuten Frieden stiften. Es darf keinem mehr ein Leid von dir geschehen, und alle deine vergangenen Missetaten sollen dir erlassen werden. Auch sollen dich weder Menschen noch Hunde weiter verfolgen.«

Und siehe, der Wolf gab ihm tatsächlich zu erkennen, dass er auf den Vorschlag einging. Daraufhin fuhr der Heilige mit seiner Rede fort: »Weil du damit einverstanden bist, diesen Frieden zu schließen, verspreche ich dir, dass du, solange du lebst, durch die Leute dieser Gegend deine tägliche Kost erhältst. Dann wirst du keinen Hunger mehr leiden müssen; denn ich weiß sehr wohl, du tust alles Schlimme nur vom Hunger getrieben. Aber du musst mir versprechen, dass du nie wieder einem Tier oder Menschen ein Leid zufügst. Versprichst du mir das?« Der Wolf gab durch Kopfnicken deutlich zu erkennen, dass er einverstanden war, und legte dem heiligen Franz zum Zeichen seiner Treue seine Pfote in die Hand.

Dann sprach der Heilige: »Bruder Wolf, nun komm ohne Bangen und Zaudern mit mir zu den Menschen der Stadt, damit wir im Namen des Herrn diesen Frieden besiegeln!«

Ähnlich »lammfromm« wie auf diesem Bild muss sich wohl der »Wolf von Gubbio« zu den Füßen des heiligen Franziskus gelegt haben.

Und wahrhaftig! Der Wolf gehorchte und folgte dem heiligen Franziskus gleich einem sanften Lamme.

Als das die Leute sahen, waren sie aufs Höchste verwundert. Alle, Männer und Frauen, Groß und Klein, liefen auf dem Marktplatz zusammen, wo sich der Heilige mit dem Wolf befand.

Dann sprach der Heilige vor der Menge des Volkes mit lauter Stimme:

»Höret, meine Lieben, dieser Bruder Wolf, der hier vor euch steht, hat mir versprochen, dass er Frieden mit euch schließen will. Niemandem von euch wird er ein Leid tun,

sofern ihr ihm versprecht, für seinen täglichen Unterhalt zu sorgen. Ich verbürge mich für Bruder Wolf, dass er den Friedensvertrag treulich achten wird.«
Da riefen alle Versammelten ihm laut zu, sie wollten fortan den Wolf ernähren. Und der Wolf lebte noch viele Jahre; er lief von Tür zu Tür und ließ sich die Nahrung geben, ohne jemand ein Leid zu tun. Auch die Leute taten ihm nichts und fütterten ihn freundlich. Und welch Wunder, nie bellte ein Hund gegen ihn, noch griff er ihn an. Alle lebten also fortan im friedlichen Miteinander und lobten und ehrten den allmächtigen Schöpfer und Christus für dieses göttliche Zeichen.

Der letzte Wolfsgalgen

Es war ein nasskalter, grauer und trister November im Jahre 1738. Auf der ostfriesischen Halbinsel bei Oestringfelde, einem der entlegendsten Winkel im Nordwesten Deutschlands, lebten noch immer zurückgezogen in der sumpfigen Wildnis einige Wölfe. Sie waren dem Kugelhagel der jahrhundertelangen Ausrottungsfeldzüge des Menschen bislang entkommen.
Zu jener Zeit gab es noch immer das Amt eines fürstlich-anhaltischen Wildjägers. Hermann Anthon Richter, seit 46 Jahren Heuermann auf dem alten Klostergut von Oestringfelde, bekleidete dieses Amt.
Es nahte die Nacht vom 20. zum 21. November 1783, die für einen alten Wolf, der in der Heide bei Oestringfelde vom Hunger getrieben auf Beutejagd war, die letzte sein sollte. Denn während seiner Pirsch versuchte er ausgerechnet in den Stall des Wildjägers Richter einzudringen. Allerdings überraschte nicht der Wildjäger, sondern sein Sohn Anthon Richter den grauen Gesellen bei seinem ungebetenen Besuch. Noch heute erzählt man sich, Anthon Richter sei so erschrocken gewesen, dass er so schnell gar keine Kugel für seine Flinte fand. Daher riss er sich einen silbernen Knopf von seiner Weste und erschoss den Wolf damit. Später hängten sie den Wolf, der wohl einer der letzten ostfriesischen Wölfe war, an einen in der Nähe stehenden Eichenbaum.
Die Eiche, an dem der Wolf hing, hieß seither »Wolfsgalgen«. Als der Baum nach etwa 50 Jahren gefällt wurde, errichtete man zur Erinnerung einen neuen Baumstamm mit einem galgenartigen Ast, der in den Jahren 1800, 1878 und 1931 erneuert wurde. Er ist noch heute im Stadtbezirk Oestringfelde (Stadt Schorten) am Klosterweg zu sehen.

Kutschfahrt mit Wolfseskorte

In den weiten Heideflächen, Wäldern und Sumpfgebieten des Münsterlandes, nahe der niederländischen Grenze, lebten im ausgehenden 18. Jahrhundert noch die letzten Wölfe dieser Region. Für die Fahrgäste einer Postkutsche, die hier im Winter 1799 unterwegs war und den Weg eines Wolfsrudels kreuzte, wurde diese »Höllenfahrt« zu einem wahrhaft legendären Erlebnis. Einer der Fahrgäste dokumentierte damals, was geschehen war. Hier sein lebendig geschilderter Reisebericht:
Als ich mit einer Postkutsche den Hellweg zwischen Sythen und Dülmen befuhr, hörte ich in der Ferne Wölfe heulen. Ich und die anderen Mitfahrer in der Postkutsche hatten große Angst, denn wir kannten die Geschichten um den Wolf. Dann war es plötzlich seltsam still. Ich sah aus dem Kutschenfenster. Der Mond am Himmel schien hell, er war fast weiß, so wie der restliche Schnee, der im Mondschein glitzerte. Die Heide mit den knorrigen alten Bäumen und deren bizarren Schatten wirkte auf uns wie eine gespenstische Kulisse.
Da riss mich plötzlich das Wiehern der Pferde und das Geschrei des Kutschers aus meinen Gedanken. Auch die anderen Fahrgäste schreckten hoch. Dann sah ich sie: Wölfe! Sie kamen von einem Hügel herüber, zehn an der Zahl. Mit lautem Heulen und fletschenden Zähnen gingen sie auf die vier Pferde los. Verzweifelt versuchte der Kutscher, sie mit der Peitsche zu vertreiben. Einige Wölfe, die er traf, wichen laut aufheulend zurück. Doch immer wieder griffen sie an. Mit wildem Getöse flog die Kutsche über den Hellweg. Für die Pferde gab es nun kein Halten mehr. Wir alle in der Kutsche hüpften teilweise bis unter das Kutschendach.
Plötzlich ein Knarren und Knacken an den rechten Kutschrädern. Oh Schreck – auch das noch! Ich dachte, wenn ein Rad bricht, werden die Pferde durchgehen und die Wölfe werden uns alle zerfleischen! Aber es waren nicht die Räder, die da knackten, sondern das Eis in der Spurrinne zerbarste. Doch plötzlich zog einer der Mitfahrer eine Waffe, es war ein Revolver mit einem Sechskantlauf. Dann folgte ein krachender Schuss, ein Aufheulen, Treffer! – dachte ich. Und tatsächlich – die Wölfe ließen ab.
Vielleicht haben sie das Blut von ihrem getroffenen Artgenossen gewittert. Wir wissen es nicht, aber wir konnten dann unsere

Kutschfahrt ohne »Wolfsbegleitung« fortsetzen und kamen noch mal dem Schrecken davon.

Der Tiger von Sabrodt

Anfang des Jahres 1904 betrat der »Tiger von Sabrodt« die Bühne der deutschen Wolfsgeschichten. Von den vielen namenlosen Wölfen, die in Deutschland getötet wurden, haben es nur ganz wenige zu wirklichem Legendenstatus gebracht. Doch der »Tiger von Sabrodt« zählt dazu – und kann sogar für sich in Anspruch nehmen, der offiziell »letzte Wolf im deutschen Reich« gewesen zu sein.

Wer etwas Genaueres über den »Tiger von Sabrodt« erfahren möchte, muss allerdings tief graben. Trotz seiner Berühmtheit sind die Fakten sehr spärlich.

Zunächst begann die Geschichte dieses Wolfes in der Region zwischen Neustadt und Tzschelln in der Oberlausitz. Also in etwa in der Gegend, wo heute – über 100 Jahre später – wieder drei einheimische Rudel leben, das Milkeler, Welzower und Seenland-Rudel. Doch der berühmte Vorfahre war offensichtlich ein »Einzelkämpfer«, und ein sehr hungriger dazu. Im Frühjahr des Jahres 1900 hatte er sich, in völlig normaler Wolfsmanier, am Wild des Waldes »bedient«. In der meist vorverurteilenden Darstellung der damaligen (und z. T. auch noch heutigen) Presse war das natürlich eine »Untat«, wie die Kreisblätter vom Hoyerswerda und Weißwasser am 1. März 1904 gleichlautend berichteten. Demnach hatte sich der Wolf bereits im März 1900 durch »Wildschäden im Raum Sabrodt« bemerkbar gemacht. Man hielt ihn für einen »Einwanderer aus Russland«, da zu dieser Zeit bereits alle einheimischen Wölfe ausgerottet waren.

Erstaunlicherweise konnte sich der »Tiger im Wolfspelz« immerhin vier Jahre lang in der freien Wildbahn behaupten und erfolgreich durchschlagen. Und wenn, ja wenn nicht wieder mal ein Zweibeiner seinen Weg auf

Einige dutzend Kilometer von Sabrodt entfernt durchschreitet diese junge Wölfin auf ihrer Nachtpirsch die tief verschneiten sächsischen Wälder, so, wie ihr berühmter Urahne dies schon vor über 100 Jahren getan hat.

»unnatürliche Weise« beendet hätte, wäre er bestimmt noch sehr viel länger durch die Wildnis der Lausitz im brandenburgisch-sächsischen Grenzgebiet gestreift.

Doch am 27. Februar 1904 sollte sein Dasein ein grausiges Ende nehmen. Ein Förster namens Bremer besiegelte mit seinem tödlichen Schuss an diesem Tag das Ende der einst so stolzen, lebenden Legende.

Wie verzweifelt sich der tapfere Graupelz vor seinem nahenden Tod noch gegen seine Verfolger zur Wehr gesetzt haben muss, zeigt die Aktennotiz, der zufolge er zuvor noch »mehrfach die Schützenlinien seiner 18 Jäger« durchbrach. Dass der Schütze für diesen schrecklichen Frevel sogar noch »100 Mark als Kopfgeld« bekam, unterstreicht die heute kaum mehr nachvollziehbare Denk- und Handlungsweise der damaligen Zeit.

Heute hätte der Todesschütze einen Strafprozess zu erwarten. Der Zeitgeist hat sich erfreulicherweise gut 100 Jahre später recht »wolfsfreundlich« entwickelt.

Der »Tiger von Sabrodt«, der mit 1,6 m Körperlänge, 80 cm Schulterhöhe und 41 kg Körpergewicht ein sehr stattlicher Geselle war, wurde nach seiner Erlegung für mehrere Tage im Hoyerswerdaer Schützenhaus ausgestellt und zog mehr als 500 Besucher an. Heute kann der präparierte Isegrim im Museum des Schlosses in Hoyerswerda bewundert werden.

Zu späten Ehren kam der »Tiger«, als er in dem Wappen der Freiwilligen Feuerwehr Sabrodt verewigt wurde. Doch der schönste Gedenkplatz, den ein Wolf sich wünschen kann, ist wohl der in den Herzen der Wolfsfreunde, wo er bis heute weiterlebt.

Ein Wolf als Sonntagsbraten

An dieser Stelle solle eine zwar »namenlose«, aber einmalig tragisch-kuriose, höchst seltsame Wolfsgeschichte aus den verstaubten Tiefen der Vergessenheit alter Museumsarchive auferstehen und in diesem Buch zu neuem Leben erwachen.

Die bewegte Geschichte unseres vierbeinigen Protagonisten begann im Zoologischen Garten in Debschwitz, einem heute zu Gera gehörenden Ortsteil. Dort war unser Wolf einige Zeit Bewohner. Doch die Wildnis Thüringens und die Sehnsucht nach dieser Freiheit waren für ihn wohl verlockender als ein weiteres, wenn auch sorgenloses Leben in der begrenzten Zoo-Einöde aus Beton und hohen Zäunen.

Eines schönen Tages nun muss der eingesperrte Graupelz begonnen haben, »Ausbruchspläne« zu schmieden. Ein so jämmerliches Leben als »Gefangener« wollte er offensichtlich nicht fortführen. Man kann nachempfinden, welch ein erquickendes Gefühl der Genugtuung es gewesen sein musste, als dann seine von »langer Hand« geplante Flucht im Jahre 1909 endlich geglückt war. Das sein Glück in einem Land, das noch immer voller Wolfsfeinde war, jedoch nicht lange währen sollte, kann jeder leicht erahnen.

Sein Schicksalsweg führte ihn schnell aus Debschwitz heraus, ca. 7 km Luftlinie in nordöstliche Richtung bis zum Rittergut Zschippach. Das war jedoch keine gute Idee. Zeitzeugen schilderten im »Luckauer Kreisblatt« vom 8. Dezember 1909 dann die fast unglaubliche Tragödie und vor allem das unfassbare Ende dieses legendären Wolfs:

Das Tier suchte, vom Hunger getrieben, wiederholt den Hof des Rittergutes Zschippach auf ... Als sich der Wolf einen feisten Hasen zu Gemüte führen wollte, schoss der Besitzer den Eindringling nieder. Arbeiter, die das (wohl noch warme) Tier für einen besseren Hund hielten, nahmen es mit. Als Sonntagsbraten wurde dann der zu kurzer Berühmtheit gelangte Wolf verzehrt.

So nahm, zu unserem entsetzten Erstaunen, diese ungewöhnliche Geschichte ein höchst ungewöhnliches Ende – nicht im Grab, sondern in den Mägen einiger »Feinschmecker«, die einen ungewöhnlichen Appetit hatten auf einen gebratenen »Hund«, der in Wirklichkeit ein Wolf war.

Der Würger vom Lichtenmoor

Seit dem letzten Abschuss eines Wolfes in Deutschland waren fast vier Jahrzehnte vergangen. Diese lange »wolfstötungsfreie« Zeit ist gewiss nicht zuletzt der glücklichen Fügung zu verdanken, dass der Wolf, der im Winter 1921/22 zwischen den thüringischen Orten Gommla und Neumühle im Flusstal der Weißen Elster umherstreifte, nur von »normalen Bürgern« gesichtet wurde. Man muss kein Prophet sein, aber wäre dem Wolf damals auch nur ein Jäger begegnet, wäre das wohl das »todsichere« Ende des Graupelzes gewesen. So hatte ihn Gottes Hand bewahrt, und seine Nachkommen leben vielleicht heute noch.

Der beinahe zu Weltruhm gelangte Wolf, um den es in der folgenden Geschichte geht, gehört gewiss zu den spektakulärsten »Legenden« der deutschen Wolfsgeschichte: Der »Würger vom Lichtenmoor« lebte weit oben

im Norden Deutschlands, auf halber Höhe zwischen Hannover und Hamburg, in der niedersächsischen Region der Landkreise Neustadt, Nienburg und Fallingbostel.

Die Geschichte spielt sich im Lichtenmoor ab, einem ehemals intakten Hochmoor von etwa 100 km² Größe. Zahlreiche mysteriöse Todesfälle, die sich im Winter 1947/48 unter den Wildtierbeständen ereigneten, sorgten schnell landesweit und später sogar international für großes Aufsehen. Die Frage aller Fragen stand im Raume, wer in aller Welt wohl nur einen so einen großen Heißhunger auf Fleisch haben könne. Seltsamerweise fiel der Verdacht zunächst nicht auf Wölfe, sondern auf streunende Hunde. Aber schnell war klar, dass sie das letztlich doch nicht sein konnten.

Die grauenhaften Todesfälle nahmen zu, als im Frühjahr 1948 die Weidetiere ins Freie getrieben wurden. Nun fielen auch erste Schafe und Rinder dem unbekannten Jäger zum Opfer. Und bei einigen der getöteten Rinder gab es ein ungewöhnliches Muster der Verletzungen, das bei allen Tieren gleich war: Stets war die rechte Hinterkeule aufgerissen, woran das jeweilige Tier dann qualvoll verblutete.

Nun wurde es immer mysteriöser. Denn als Experten die Wundränder untersuchten, stellte sich heraus, dass diese ungewöhnlich glatt waren, eher wie mit einem Messer geschnitten als von Raubtierfängen aufgerissen. Als herauskam, dass einige Schafe auf der Weide sogar vollständig und sorgfältig aus dem Fell herausgetrennt waren, war schnell klar, dass es auch »zweibeinige Phantome« geben musste. Sie nutzten offenbar die allgemeine Aufruhr und Verwirrung aus. Zumal Fleisch in der kargen Nachkriegszeit noch immer extreme Mangelware war und der Schwarzmarkt florierte.

Um dem Mysterium auf den Grund zu kommen, begann man im Frühsommer 1948

Auch der schnelle Galopp mit »fliegenden Beinen« konnte noch nie einen Wolf vor seinen Verfolgern und den von ihnen abgefeuerten tödlichen Geschossen retten.

Ein Wolf lässt es sich bei seiner Rothirschmahlzeit gut schmecken. So ungestört kann er es nur dort tun, wo es noch keine gierigen »Zweibeiner« gibt, die ihm seine Mahlzeit missgönnen und ihn sogar dafür verfolgen und töten.

schwere Geschütze aufzufahren. Und das im durchaus wörtlichen Sinne. Die erst drei Jahre zuvor entwaffneten deutschen Jäger wurden von der britischen Militärverwaltung eigens zu den Drückjagden wieder mit Gewehren ausgestattet. Doch selbst die «Treibjagd« vom 13. Juni, mit 1500 Treibern und 70 Jägern die größte, die es jemals in Niedersachsen gegeben hat, brachte nicht das gewünschte Ergebnis.

Immerhin wurde nun – unter anderem – ernsthaft eine »Wolfs-Theorie« diskutiert. Allerdings war die Aufnahme von Löwen, Pumas und gar einem Werwolf in den Kreis der Verdächtigen wohl ein eher missglückter Ausflug ins Absurditätenkabinett. Dass an dem ganzen schaurigen Spektakel ganz unzweifelhaft auch Menschen beteiligt gewesen sein mussten, die die tierischen Opfer offensichtlich vor Ort fachgerecht schlachteten, hatte man wohl inzwischen vergessen. Oder man wollte es nicht mehr wissen, weil das natürlich keine so große Story hergab wie das »Phantom«, das mittlerweile einen würdigen, schaurig-klangvollen Namen bekommen hatte: Der »Würger vom Lichtenmoor«.

Längst hatten auch die mit Stift, Notizblock und Telekanonen bewaffneten »Jäger« von den bizarren Vorfällen Witterung bekommen. Sie rückten scharenweise an die Front und versorgten über Monate hinweg die regionalen und internationalen, stets sensationshungrigen Blätter mit reißerischen Berichten zu diesem hochergiebigen Thema. Man kann sich lebhaft vorstellen, dass es im Blätterwald der Kioske bald gewaltiger rauschte als draußen im Geäst der Birken vom Lichtenmoor.

Aber so groß der Wunsch nach einem »aufregenden Finale« – der Ergreifung des »Würgers« – auch war, sie bekamen (vorerst) weder die Superstory noch den Würger. Grundtenor in der Presselandschaft: Der Würger scheint ein echtes Phantom – »unfassbar«.

Blieb die Frage, wie man nun diesem realsatirischen Albtraum ein Ende bereiten sollte. Tatsächlich waren die Tage des Würgers bereits gezählt. Denn zu dessen großem Unglück gab es da einen Bauern namens Hermann Gaatz. Der hatte nicht nur von den Briten eine Waffe zugeteilt bekommen, sondern war auch ein sehr geduldiger und hoch motivierter Jäger. Unzähligen Fehlversuchen in den zurückliegenden Monaten zum Trotz legte er sich Abend für Abend auf die Lauer. Und nach seiner tiefen Überzeugung war der Würger ein Wolf.

Und Gaatz sollte recht behalten. Am Freitag, dem 27. August 1948, setzte er der langen Reise des Würgers ein jähes Ende. Es war in der Tat ein starker, prächtiger Wolf, der auf Beutejagd war und sich gerade an äsende Rehe herangepirscht hatte. So, wie Gott das für ihn seit Jahrtausenden für das Gleichgewicht in der Natur vorgesehen hat.

Jäger Gaatz interessierte das freilich nicht, er zeigte keine Gnade, drückte ab und traf. Traurig, denn das tödliche Geschoss beendete nicht nur das Leben dieses berühmten Tiers, sondern auch den Traum vieler Wolfsfreunde, die dem so klugen grauen Recken noch ein langes Leben gegönnt hätten. Und es hilft freilich wenig, dass das, was vor über 60 Jahren als Heldentat gefeiert wurde, heute als schwere Straftat geahndet wird, da der Wolf inzwischen gottlob streng geschützt ist.

Doch als höchst unwaidmännisch und verwerflich galt wohl schon damals, ein stumpfgefeiltes Projektil (ein »Dumm-Dumm-Geschoss«) zu verwenden, das, wenn es nicht tödlich trifft, beim Opfer allerschwerste Verletzungen und endlos qualvolle Leiden hervorruft. Gaatz hatte ein solches Geschoss im Lauf, als er dem Wolf auflauerte.

Auch wäre es die Pflicht des Todesschützen gewesen, die Nachsuche sofort nach dem Schuss durchzuführen und nicht erst am nächsten Tag. Daher weiß bis heute keiner, ob der Wolf gleich tot war oder lange leiden musste. Über dieses höchst unpopuläre Thema gab es leider weder in Presse- noch Jägerkreisen eine öffentliche Diskussion. Wichtig war nur, die vermeintliche »Bestie« getötet zu haben. Dass der Anblick des in seinem Blut liegenden, einst so majestätischen Tieres beim Wolfstöter wohl »große Glücksgefühle« auslöste, zeigt wieder einmal die Abgründe, die sich zwischen »Jagd« und Naturschutz auftun. Und daran hat sich bis heute noch viel zu wenig geändert.

Als grotesker Höhepunkt wurde der Wolf übrigens nach seinem Tode von zwei vermeintlichen Beauftragten »entführt« und tauchte zwei Tag später als inzwischen halb verwes-

Über viele Monate hinweg schaffte es der »Würger vom Lichtenmoor«, sich vor seinen Scharen von Häschern zu verstecken.

Der legendäre »Würger von Ihlow« als nunmehr groteskes, eingestaubtes Museumspräparat. Nur der Mensch war imstande, aus dem einst so prachtvollen Gottesgeschöpf ein hässliches Monstrum zu machen, so, wie der Wolf leider noch heute von einigen Menschen gesehen wird.

ter, unpräparierbarer Kadaver im Kofferraum eines Reporters in Hannover wieder auf. Immerhin konnte noch ein Gipsabdruck angefertigt werden, um den Wolfskopf zu rekonstruieren und der Nachwelt zu erhalten. Im Landesmuseum Hannover ist er ausgestellt. Abschließend muss hier, um eine Lanze für den Wolf zu brechen, nochmals klar- und richtiggestellt werden, dass für den größten Teil der getöteten Wild- und Haustiere (insgesamt mehr als 100 Schafe und etwa 65 Rinder) Menschen verantwortlich waren. Sie nutzten das allgemeine Chaos aus und wollten damit die Nahrungsbewirtschaftung durch die britischen und deutschen Behörden umgehen. Daher kam der »Würger« diesen Viehdieben gerade recht, denn die offiziell vom »Würger« gerissenen Tiere durften weder zu Nahrungsmitteln verarbeitet noch durch Kontrollen erfasst werden. So konnte das Fleisch illegal verwertet und auf dem Schwarzmarkt verkauft werden.

Vielleicht ist es ja doch ein Trost für die Wolfsseele, dass der »Würger vom Lichtenmoor«, ein 6 Jahre alter Rüde von 1,7 m Länge, 85 cm Schulterhöhe und etwa 43 kg Gewicht, in den Geschichtsbüchern weiterleben wird – als wahrhaft unsterblicher Mythos.

Der Würger von Ihlow

Den Schlusspunkt unserer kleinen, chronologisch-historischen Reihe legendärer Wölfe soll nun der »Würger von Ihlow« bilden.

Vorweg sei noch gesagt, dass auch in den 13 Jahren, die zwischen den beiden »Würgern« liegen, immer wieder Wölfe getötet wurden (auf die ich im Kapitel »Rückkehr in die alte Heimat« näher eingehe), die freilich nur als nüchterne »Wolfsabschuss-Aktennotiz« und nicht als »Legenden« in die Geschichte eingingen.

Doch nun zum »Würger von Ihlow«: Wieder einmal hatte es einen Wolf nach Ostdeutschland verschlagen, zu jener Zeit noch DDR genannt. Im Mehlsdorfer Busch, nordwestlich der Rochauer Heide (Südwestbrandenburg), war er seit Oktober 1960 in Erscheinung getreten. Natürlich wie so oft als »Bösewicht«. Denn seine Spuren hinterließ er nicht nur im weichen Sand der Mark, sondern auch an einigen Jungrindern und Schafen, die auf ihr grasten. Das Schicksal des Wolfes scheint seit Jahrtausenden seine Vorliebe für die Haustiere der Menschen zu sein. Denn diese sind – und das ist eine Binsenweisheit – natürlich sehr viel »energieeffizienter« zu erbeuten als etwa Rehe oder Hirsche. Jedenfalls hatte man sofort exakt errechnet, dass der 4- bis 5-jährige Rüde bei seinen »Besuchen« bei Jungrindern und Schafen einen Schaden in Höhe von 3450 Mark verursacht hatte.

Der Wolf, dem man auch die bereits seit 1959 entdeckten gehäuften Risse zuschrieb, machte sich im Frühjahr 1961 also wieder einmal auf die Pirsch. Er konnte indes natürlich nicht ahnen, dass man ihm schon auf den Fersen war. Ein Zeitzeuge berichtet:

Am 24. März 1961 meldeten gegen Mittag Bauern die Beobachtung eines Raubtieres im Mehlsdorfer Busch. Der Bürgermeister von Ihlow alarmierte die Jagdgesellschaft und die Volkspolizei. Auch der LPG-Bauer Werner Schmidt aus Ihlow gehört dazu. Er hat manche Stunde dem »unbekannten Tier« nachgespürt – bislang ohne Erfolg.

Kurz entschlossen lässt er sich in den Busch fahren, wo er das Raubtier im Schilf aufspürt und als Wolf erkennt. Auf 40 m Entfernung gibt er eine Kugel ab, die das Tier trifft. Doch dann richtet es sich auf und springt dem Jäger entgegen, der sich durch einen zweiten Schuss zu helfen weiß. Wieder bricht der Wolf zusammen, kann aber ins Moor entkommen. Wenig später zeigt er sich noch einmal in einer Entfernung von 50 m. Diesmal hat der Schütze mehr Glück ...

So weit die grausige Schilderung der Wolfshatz. Der starke Wolfsrüde stellte an diesem Beispiel einmal mehr sehr eindruckvoll unter Beweis, dass Wölfe einen unfassbar großen und zähen Überlebenswillen haben und selbst mit zwei Gewehrkugeln im Leib noch tapfer weiterkämpfen. Dass Bauer Schmidt eine dritte Kugel benötigte, um das krankgeschossene, schlimm leidende Tier endlich von seinen Qualen zu erlösen, besagt alles zur »Schießqualität« des Schützen.

Dabei war genau derselbe Wolf vermutlich dem Kugelhagel einer Treibjagd in Polen unversehrt entflohen. In seiner »neuen Heimat« genügte ein Mensch, um das Leben des prachtvollen Tiers zu beenden.

Damals wie heute heißt die Devise bei Wölfen: Erkenne deinen Feind schon aus der Ferne, um noch rechtzeitig fliehen zu können.

Der Wolf im Märchen

Das »Rotkäppchen-Syndrom«

»Ei, Großmutter, was hast du für große Ohren!«– »Dass ich dich besser hören kann.« Wer von uns kennt sie nicht, diese berühmt-berüchtigte Textstelle aus dem Märchen »Rotkäppchen«, der »Mutter aller Wolfsmärchen«. Seit 1812 begleitet die spannende Geschichte von dem kleinen Mädchen mit dem roten Käppchen, das im Auftrag der Mutter ihrer alten kranken Großmutter im Wald einen wohlgefüllten Picknickkorb vorbeibringen sollt, die Kinder in vielen Ländern dieser Welt.

Diesen unvergleichlichen Siegeszug hätte das Märchen wohl nicht ansatzweise antreten können, hätte Rotkäppchen statt der guten alten Oma nicht den »bösen Wolf« angetroffen.

»Aber, Großmutter, was hast du für ein entsetzlich großes Maul!« – »Dass ich dich besser fressen kann.«

Nun, wir wissen, wie es weitergeht, der Wolf frisst das Rotkäppchen. Dass der Wolf kurz zuvor schon die Oma verspeist hatte und auf das kleine Mädchen eigentlich gar keinen Appetit mehr hätte haben dürfen, fiel dabei wohl kaum einem Märchenleser auf. Aber in einem Märchen laufen die Dinge eben anders als in der realen Welt. Viel wichtiger war doch dann, dass ein Jäger, der zufällig am Haus vorbeilief und bei der Großmutter nach dem Rechten sehen wollte, letztlich zwei Menschen retten konnte. Somit tritt – wohl das erste Mal in diesem Buch – ein Jäger positiv in Erscheinung. Und das, obwohl auch er einen Wolf »zur Strecke« bringen und gar seinen Bauch aufschlitzen musste. Aber das war schließlich nötig, damit Rotkäppchen samt ihrer Oma endlich die qualvolle Enge und stickige Luft des Wolfsbauches wieder verlassen konnten.

Aber was müssen wir jetzt so Böses hören über das einst so brave Rotkäppchen? Geschwind holt es große Steine, wenngleich das sicher für ein kleines Mädchen eine mühselige Schlepperei gewesen sein muss, und füllt den Wolfsbauch damit und näht ihn wieder zu. Nun, vielleicht hatte der Jäger dem Mädchen auch zuvor einen heißen Tipp gegeben. Doch dann, oh Schreck! Der Wolf erwacht und will fliehen. Mit den Steinen, die ihm schwer im Magen liegen, kommt er freilich nicht weit und stürzt zu Tode. Der Jäger zieht im nun sein Fell über den Kopf, die Großmutter kann endlich ihren Kuchen und Wein verzehren, und Rotkäppchen kehrt ohne Angst zufrieden zu ihrer Mutter zurück. Und die Moral von der Geschicht'? Menschen fressen tut man nicht!

Aber nun noch einige ernste Anmerkungen zum Thema Rotkäppchen.

Was Jacob Grimm (1785–1863) und Wilhelm Grimm (1786–1859), die »Gebrüder Grimm«, bei Herausgabe ihrer »Kinder- und Hausmärchen« vor knapp 200 Jahren wohl nicht einmal ansatzweise ahnten, war, welche »Massenhysterie« allein das Rotkäppchenmärchen europaweit auslösen würde. Es gibt wohl kaum ein Kind, das nicht vom »bösen

Diese Postkarte aus dem frühen 20. Jahrhundert stellt auf dem Scherenschnitt-Motiv das Rotkäppchen-Märchen im altbekannten, typischen Klischee dar: »Hau ab, du böser Wolf!«

Auf dieser Ansichtskarte aus dem Jahr 1927 ist – sicher völlig unbewusst – genau die Situation dargestellt, wie sie real abläuft: Ein kleines Mädchen pflückt im Wald Blumen und der Wolf (im Hintergrund) nimmt nicht mal Notiz davon und geht völlig unbeirrt seiner Wege.

Wolf« gehört hat. Bis heute werden damit Generationen von Kindern zur Angst vor dem Wolf erzogen, sodass selbst heute – wir schreiben inzwischen das Jahr 2010! – noch immer fast jedem kleinen Kind die Worte »oh, ein böser Wolf!« entfahren, wenn es – z. B. in einem Zoo – einen Wolf erblickt.

Dieses »Rotkäppchen-Syndrom« betrifft leider nicht nur Kinder. Auch viele Erwachsene äußern Angst, wenn man sie generell zum Thema Wolf befragt. Gerade in den Dörfern der Wolfsregion der Lausitz werden noch heute, z.T. sogar von alten Leuten, allen Ernstes Befürchtungen geäußert, dass man z. B. die Kinder nicht allein zur Bushaltestellen laufen lassen sollte, da sie ja von Wölfen angefallen werden könnten. Diese unsinnige Befürchtung kann ich voll entkräften, da dies ganz sicher niemals passieren wird, dafür hat der Wolf schon viel zu viel Angst vor uns Zweibeinern. Aber das Beispiel zeigt, man könnte viele weitere anführen, dass die Angst vor dem «bösen« Wolf bis heute umgeht.

Weltweit gibt es mittlerweile über 300 Variationen zum Rotkäppchen-Märchen, aber auch weitere berühmte wie z.B. »Der Wolf und die sieben Geißlein«, »Die Wolfswimpern« oder »Der Hase und der Wolf«. Zu einer weit über die deutschen Grenzen hinausgehenden Berühmtheit hat es interessanterweise nur das »Rotkäppchen« gebracht.

Warum dem so ist, bleibt ein großes Mysterium. Schließlich stimmt keine der Charaktereigenschaften, die dem Wolf in der »Mutter aller Wolfsmärchen« angedichtet werden, mit der Wirklichkeit auch nur ansatzweise überein. Weder frisst der Wolf gewöhnlich Menschen, noch fällt er sie an, er ist weder hinterlistig noch gefräßig. Ja er ist von alledem meist sogar das haargenaue Gegenteil. Wie bereits mehrfach erwähnt, meidet er den Menschen, wo es nur geht. Ja nicht nur das, er meidet manchmal sogar seine eigene Beute, worauf ich im Kapitel »Zur Biologie und Ökologie des Wolfes« noch genauer eingehe. Nur so viel vorweg: Wenn der Wolf einschätzt, dass er z. B. durch die Beute verletzt werden könnte, verzichtet er darauf, da eine Verletzung seinen eigenen Tod bedeuten könnte. Der Wolf ist also, wie wir sehen werden, ein überaus kluges Tier.

Meine Botschaft, die sich wie ein roter Faden durch das ganz Buch zieht, ist die: einfach dem Wolf als einem von unzähligen Mitgeschöpfen der Natur Respekt zu erweisen und ihm die Rolle zuzugestehen, die ihm der liebe Gott seit Anbeginn seines »Auftritts« auf Erden zuerkannt hat.

Nachdem wir den Inhalt von »Rotkäppchen« bereits gehört bzw. in Erinnerung gerufen haben, hier – aus der Vielzahl an Wolfsmärchen – noch das wohl zweitbekannteste, »Der Wolf und die sieben Geißlein«.

Der Wolf und die sieben Geißlein

Es war einmal eine alte Geiß, die hatte sieben junge Geißlein und hatte sie lieb, wie eine Mutter ihre Kinder lieb hat. Eines Tages wollte sie in den Wald und Futter holen, da rief sie alle sieben herbei und sprach: »Liebe Kinder, ich will hinaus in den Wald, seid auf eurer Hut vor dem Wolf, wenn er hereinkommt, so frisst er euch alle mit Haut und Haar. Er verstellt sich oft, aber an seiner rauen Stimme und an seinen schwarzen Füßen werdet ihr ihn erkennen.« Die Geißlein sagten: »Liebe Mutter, wir wollen uns schon in Acht nehmen, du kannst ohne Sorge fortgehen.« Da meckerte die Alte und machte sich getrost auf den Weg.

Es dauerte nicht lange, so klopfte jemand an die Haustür und rief: »Macht auf, ihr lieben Kinder, eure Mutter ist da und hat jedem von euch etwas mitgebracht.« Aber die Geißerchen hörten an der rauen Stimme, dass es der Wolf war. »Wir machen nicht auf«, riefen sie, »du bist unsere Mutter nicht, die hat eine feine und liebliche Stimme, aber deine Stimme ist rau; du bist der Wolf.« Da ging der Wolf fort zu einem Krämer und kaufte sich ein großes Stück Kreide, die aß er, und machte damit seine Stimme fein. Dann kam er zurück, klopfte an die Haustür und rief erneut: »Macht auf, ihr lieben Kinder, eure Mutter ist da und hat jedem von euch etwas mitgebracht.« Aber der Wolf hatte seine schwarze Pfote in das Fenster gelegt, das sahen die Kinder und riefen: »Wir machen nicht auf, unsere Mutter hat keinen schwarzen Fuß, wie du, du bist der Wolf.« Da lief der Wolf zu einem Bäcker und sprach: »Ich habe mich an den Fuß gestoßen, streich mir Teig darüber.« Und als ihm der Bäcker die Pfote bestrichen hatte, so lief er zum Müller und sprach: »Streu mir weißes Mehl auf meine Pfote.« Der Müller dachte, der Wolf wolle ihn betrügen, und weigerte sich. Aber der Wolf sprach: »Wenn du es nicht tust, so fresse ich dich.« Da fürchtete sich der Müller und machte ihm die Pfote weiß.

Nun ging der Bösewicht zum dritten Mal zu der Haustüre, klopfte an und sprach: »Macht mir auf, Kinder, euer liebes Mütterchen ist heimgekommen und hat jedem von euch etwas aus dem Walde mitgebracht.« Die Geißerchen riefen: »Zeig uns erst deine Pfote, damit wir wissen, dass du unser liebes Mütterchen bist.« Da legte er die Pfote ins Fenster, und als sie sahen, dass sie weiß war, glaubten sie, es wäre alles wahr, was er sagte, und machten die Türe auf.

Wer aber hereinkam, das war der Wolf. Sie erschraken und wollten sich verstecken. Das eine sprang unter den Tisch, das zweite ins Bett, das dritte in den Ofen, das vierte in die Küche, das fünfte in den Schrank, das sechste unter die Waschschüssel, das siebente in den Kasten der Wanduhr. Aber der Wolf fand sie und machte nicht langes Federlesen; eins nach dem andern schluckte er in seinen Rachen. Nur das jüngste in

Sogar der Deutschen Bundespost war das Märchen »Der Wolf und die sieben Geißlein« ein Motiv wert.

dem Uhrkasten, das fand er nicht. Als der Wolf seinen Hunger gestillt hatte, trollte er sich fort, legte sich draußen auf der grünen Wiese unter einen Baum und schlief ein.

Nicht lange danach kam die alte Geiß aus dem Walde wieder heim. Ach, was musste sie da erblicken! Die Haustüre stand sperrweit auf; Tisch, Stühle und Bänke waren umgeworfen, die Waschschüssel lag in Scherben, Decke und Kissen waren aus dem Bett gezogen. Verzweifelt begann sie, ihre Kinder zu suchen, aber nirgends waren sie zu finden. Sie rief nun ihre Kinder nacheinander beim Namen, aber niemand antwortete, bis auf das Jüngste: »Liebe Mutter, ich stecke im Uhrkasten«, rief es mit feiner Stimme. Schnell holte die Mutter es heraus, und es erzählte ihr, dass der Wolf gekommen wäre und die andern Geißlein alle gefressen hätte. Da fing die Mutter bitterlich an zu weinen.

Endlich ging sie aus ihrem Haus hinaus, und das jüngste Geißlein folgte ihr. Und als sie auf die Wiese kamen, erblickten sie den Wolf, der an einem Baum lag und so laut schnarchte, dass die Äste zitterten. Die Geißenmutter betrachtete ihn von allen Seiten und sah, dass in seinem angefüllten Bauch sich etwas regte und zappelte. »Ach Gott«, dachte sie, »sollten meine armen Kinder, die er zum Abendbrot hinuntergewürgt hatte, tatsächlich noch am Leben sein?« Da schickte sie das Geißlein geschwind nach Hause, um Schere, Nadel und Zwirn zu holen. Dann schnitt sie dem Ungetüm den Wanst auf. Und siehe da, kaum hatte sie einen Schnitt getan, so streckte auch schon das erste Geißlein den Kopf heraus. Und als sie weiter schnitt, so sprangen nacheinander alle sechse heraus. Die Mutter war überglücklich, denn sie waren noch alle am Leben und hatten nicht einmal Schaden erlitten, denn das Ungetüm hatte sie ganz hinuntergeschluckt. War das eine Freude!

Da herzten sie ihre liebe Mutter und hüpften wie ein fröhliches Schneiderlein über die grüne Wiese. Die Alte aber sagte: »Jetzt geht und sucht Wackersteine, damit wollen wir dem Wolf den Bauch füllen, solange er noch im Schlafe liegt.« Da schleppten die sieben Geißlein in aller Eile die Steine herbei und steckten sie ihm in den Bauch, so viel sie hineinbringen konnten. Dann nähte ihn die Alte geschwind wieder zu. Der graue Geselle aber merkte es nicht einmal und schlief noch immer sehr fest.

Als der Wolf dann endlich ausgeschlafen hatte, machte er sich auf die Beine. Doch weil ihm die Steine im Magen so großen Durst erregten, wollte er noch schnell zu einem Brunnen gehen und trinken. Als er aber anfing zu gehen und sich hin und her zu bewegen, so stießen die Steine in seinem Bauch aneinander und rappelten. Da rief er: »Was rumpelt und pumpelt in meinem Bauch herum? Ich meinte es wär'n sechs Geißlein, so sind's lauter Wackerstein.«

Und als er an den Brunnen kam und sich über das Wasser bückte und trinken wollte, da zogen ihn die schweren Steine hinein, und er musste jämmerlich ertrinken.

Als die sieben Geißlein das sahen, da kamen sie herbeigelaufen, riefen laut: »Der Wolf ist tot! Der Wolf ist tot!« und tanzten mit ihrer Mutter vor Freude um den Brunnen herum.

(Nach: Gebrüder Grimm, Kinder- und Hausmärchen, Große Ausgabe, Band 1, 1850)

Die Vorliebe des Wolfes für fleischliche Kost, die man notfalls verbissen verteidigt, beflügelte die Menschen seit Jahrtausenden, grimmige Geschichte über den Wolf zu verfassen.

Der Wolf in der Fabel

Isegrim, der Fabelname des Wolfes, zählt wohl – neben Reineke, dem Fuchs – zu den bekanntesten Tierfabelnamen überhaupt. Die Ursprungsgestalt der Isegrim-Figur war »Ysengrimus« und soll aus dem Vorderen Orient stammen. In einem lateinischen Gedicht von Guibert von Noget wurde der Wolf 1112 dann erstmals als »Isegrim« erwähnt. Der Name setzt sich aus den Begriffen »isen« (= Eisen) und »grinen« (= knurren) zusammen.

Isegrim ist bekannt aus dem Epos »Reineke Fuchs«. Dort verkörpert und symbolisiert er Kraft, Rücksichtslosigkeit, Gier, Grimmigkeit, Bösartigkeit, aber auch eine gewisse Tölpelhaftigkeit, weshalb ihn der schlaue Fuchs immer wieder hereinlegen kann.

Unter seinem weltläufigen Namen »Wolf« taucht der graue Recke schon seit dem 3. vorchristlichen Jahrtausend in der Literatur auf – vornehmlich in Fabeln. So dürfte die Fabel »Der kluge Wolf und die neun dummen Wölfe« zu den ältesten Wolfsfabeln weltweit zählen. Die Sumerer haben sie vor etwa 5000 Jahren verfasst.

Als Begründer und Stammvater der europäischen Fabeldichtung gilt Äsop, der um 600 v. Chr. in Griechenland lebte. Von ihm stammen drei Wolfsfabeln, von denen wir später noch hören werden.

Es ist höchst erstaunlich, wie vielseitig – und unterschiedlich – die Charaktereigenschaften des Wolfs in den Fabeln dargestellt sind. In »Der Wolf und das Lamm« z. B. ist der Wolf gemein und ungerecht, in »Der Wolf und der kranke Esel« hingegen nett und hilfsbereit. Gefräßig und neugierig scheint er in der Fabel »Das kleine Mädchen und der Wolf« zu sein. Und in »Der Wolf und der Schäfer« ist der Wolf mitfühlend, nett und mitleidig, obwohl er selbst Mitleid braucht. Kurzum, es gibt kaum eine Charaktereigenschaft, die der Wolf nicht verkörpern könnte, wie die nun folgende kleine Fabelsammlung zeigen wird.

Der kluge Wolf und die neun dummen Wölfe

Die erste Fabel, eigentlich ein mathematischer Lehrtext, führt uns weit in die Vergangenheit, in die Zeit der Sumerer, die im 3. Jahrtausend v. Chr. lebten (in der Region des heutigen Süd-Irak). Bereits dieses Volk hatte offensichtlich Kontakte mit dem Wolf. Sie errichteten ihre Siedlungen an den Wasserläufen des Euphrat und betrieben Land- und Viehwirtschaft. Neben Gänsen, Enten und Hühnern hielt man Nutztierrassen wie Rinder, Esel, Schweine, Ziegen und eben auch Schafe. Es gibt so gut wie keine überlieferte Schriften, die von etwaigen konkreten Übergriffen von Wölfen auf die Schafherden berichten. Lediglich in den Fabeln (wie der nachfolgenden) finden wir Hinweise darauf.

Wir wissen natürlich nicht, was im Verlauf der Jahrtausende hinzugedichtet wurde. Gleichwohl erkennen wir den tiefen Sinn: dass Wölfe schon vor 5000 Jahren Schafe »zum Fressen gern« hatten. Eine »Fressgier«, die auch hier erwähnt wird, wurde den Wölfen ja schon zu allen Zeiten zu Unrecht angedichtet, obschon sie in natura niemals vorhanden war. Vielleicht ist es ja die Wut der Schafhirten über ihre verlorenen Tiere, die sich in dieser Meinung widerspiegelt. Erstaunlich ist jedoch, dass dem (einen) Wolf auch eine gewisse »Klugheit« zuerkannt wird.

Zehn Wölfe stehlen nachts aus einer Schafherde zehn Schafe und treiben sie abseits in den Wald. Als sich die Wölfe, gierig und nach Blut lechzend, auf die Schafe werfen wollten, sagte der kluge Wolf: »Haltet ein, wir wollen zuvor gerecht teilen, damit niemand sich später benachteiligt fühlt.« »Gerecht teilen?« fragten die anderen Wölfe. »Wie stellst du dir das vor?«

»Wir teilen so, dass immer zehn dabei herauskommt«, sagte der kluge Wolf. »Ihr neun Wölfe seid als Erste dran, ihr bekommt dieses Schaf. Neun und eins sind zehn. Ich bekomme diese neun Schafe. Eins und neun sind auch zehn. Stimmt's?«

»Genau!« riefen die neun Wölfe, vor Fressgier ganz dumm, und stürzten sich auf ihr Schaf. Der schlaue Wolf jedoch trieb seine neun Schafe davon.

(Sumerer, 3. Jahrtausend v. Chr.)

In den Fabeln erscheint der Wolf sogar mal als netter und freundlicher Geselle, wie auf diesem Bild.

Der Wolf und der Kranich

Die folgende Fabel stammt von Äsop. Der griechische Dichter, der um 600 v. Chr. lebte, war ein berühmter Verfasser von Fabeln und Gleichnissen. Über die Person und Herkunft Äsops ist wenig bekannt, doch das Volk zählte ihn zu einem der Ihren, da er in seinen Fabeln oftmals zum Ausdruck brachte, was im Volke geschah. Der später am Hof des Königs Kroisos wirkende Dichter kam auf tragische Weise ums Leben, als er auf einer Reise nach Delphi von Priestern wegen Gotteslästerung ermordet wurde.
Die nachfolgende Fabel zeigt uns anhand des Wolfs und des Kranichs das Verhältnis der Menschen untereinander auf. Es sind die »ewigen« Gleichnisse von Gut und Böse.

Ein Wolf hatte ein Schaf erbeutet und verschlang es so gierig, dass ihm ein Knochen im Rachen stecken blieb. In seiner Not setzte er demjenigen eine große Belohnung aus, der ihn von dieser Beschwerde befreien würde.
Der Kranich kam als Helfer herbei; glücklich gelang ihm die Kur, und er forderte nun die wohlverdiente Belohnung. »Wie?«, höhnte der Wolf, »du Unverschämter! Ist es dir nicht Belohnung genug, dass du deinen Kopf aus dem Rachen eines Wolfes wieder herausbrachtest? Gehe heim und verdanke es meiner Milde, dass du noch lebest!«
Hilf gern in der Not, erwarte aber keinen Dank von einem Bösewichte, sondern sei zufrieden, wenn er dich nicht beschädigt.
(Äsop, um 600 v. Chr.)

Der Fuchs und der Wolf am Brunnen

Die nächste Wolfsfabel führt uns in das 17. Jahrhundert und zu einem der größten Fabeldichter seiner Zeit: Jean de La Fontaine. Der bekannte französischer Schriftsteller gilt bis heute als »Fabelpapst« Frankreichs.
Anfangs arbeitete er als Anwalt, danach begann er sein schriftstellerisches Schaffen. 1668 erschien eine erste Fabelausgabe in zwei Bänden, 1677 und 1679 folgten die Bände 3 und 4. 1692 dann brachte er eine Gesamtausgabe der Fabeln heraus.
Die nachfolgende aus seiner Feder zeigt die sprichwörtliche List des Fuchses, der die »Gutmütigkeit« des Wolfes für sich ausnutzt und, statt dem »gutgläubigen« Wolf dankbar zu sein, ihn ins Verderben stürzt. Wer von uns hat es nicht schon mehr oder weniger oft erlebt, statt des Dankes nicht nur Undank, sondern manchmal sogar – bildlich gesprochen – Verderben zu ernten. Manchmal durchschauen wir »das Böse« erst sehr spät, aber wir können noch vor dem Untergang gerettet werden. Dem Wolf hingegen ist – zumindest in dieser Geschichte – diese positive Fügung des Schicksals nicht zuteil geworden.

Der Wolf erscheint in den Fabeln nicht nur zusammen mit »einheimischen«, sondern bisweilen auch »exotischen« Tieren wie Löwen.

Es war eine klare Vollmondnacht. Ein Fuchs strolchte durchs Dorf und kam zu einem Ziehbrunnen. Als er hinunterblickte, traute er seinen Augen nicht: Da lag ein großer, runder goldgelber Käse. Er kniff die Augen zu und öffnete sie wieder. Nein, es war kein Traum.
Der Fuchs besann sich nicht lange, sprang in den Eimer, der über dem Brunnenrand schwebte, und abwärts ging die Fahrt. Ein zweiter Eimer schaukelte aus der Tiefe empor, an ihm vorbei.
Unten angekommen, wollte der hungrige Fuchs sich sofort auf den fetten Käse stürzen. Aber was war denn das? Seine Nase stieß in eiskaltes Wasser, der Käse verformte sich und verschwand.
Verblüfft starrte der Fuchs ins Dunkel, und langsam kehrte der Käse unversehrt zurück. Jetzt begriff er seinen Irrtum. Wie konnte er nur so schwachköpfig handeln! Nun saß er in der Patsche.
Er schaute zum Brunnen hinauf. Niemand war da, der ihn aus dem Schlamassel befreien konnte. Nur der Vollmond lächelte ihm hell und freundlich zu.
Viele Stunden saß der Fuchs in dem kühlen, feuchten Eimer gefangen und schlotterte vor

Kälte und Hunger. Da kam ein Wolf an dem Brunnen vorbei. Der Fuchs dachte: »Warum sollte dieser Nimmersatt klüger sein als ich?« Und mit fröhlicher Stimme rief er ihm zu: »Schau, mein Freund, welch herrlichen Käseschmaus ich gefunden habe. Wenn du mein Versteck nicht verrätst, so darfst du zu mir herunterkommen und dir auch ein gutes Stück von meinem Käse abbrechen. Den Eimer dort oben habe ich für dich bereitgehalten, mit ihm kannst du zu mir herunterfahren.«
Der Wolf, der nie über Mangel an Hunger klagen konnte, leckte sich die Lippen, und seine Augen traten hervor; der Käse, den der Fuchs entdeckt hatte, sah wirklich appetitlich aus. Ohne zu überlegen, kletterte er in den Eimer, und da er viel schwerer als der Fuchs war, sauste er hinab in die Tiefe und zog den Eimer mit dem Fuchs hinauf.
Der Fuchs rettete sich sofort auf sicheren Boden und lachte sich eins ins Fäustchen. »Wohl bekomm's!«, rief er spöttisch und eilte davon.
(Jean de La Fontaine, 1621–1695)

Der Wolf und der Schäfer

Der große deutsche Dichter Gotthold Ephraim Lessing soll nun den würdigen Schlusspunkt unserer kleinen Wolfsfabelsammlung setzen. Neben den »klassischen« Dramen, die die Literaturgeschichte wesentlich geprägt haben, bestand sein sehr umfangreiches Lebenswerk aus einer Vielzahl von weiteren Schriften wie Gedichten – und Fabeln. Die nachfolgende ist von ergreifender Tiefgründigkeit, denn sie zeigt, wie bieder manche Menschen ihre Fahne in den Wind zu hängen vermögen und mit ihrem vermeintlichen Mitleid doch nur in das Horn jener blasen, die ebenfalls voller übler Falschheit sind und nicht den anderen, sondern sich selbst betrauern ob der verlorenen Vorteile.

Ein Kranich, der zusammen mit dem Wolf in einigen Fabeln anzutreffen ist, kommt auch in der Realität gut mit ihm aus und lebt sogar mit ihm zusammen im gleichen Revier.

Ein Schäfer hatte durch eine grausame Seuche seine ganze Herde verloren. Das erfuhr der Wolf und kam, seine Kondolenz abzustatten.
»Schäfer«, sprach er, »ist es wahr, dass dich ein so grausames Unglück getroffen? Du bist um deine ganze Herde gekommen? Die liebe, fromme, fette Herde! Du dauerst mich, und ich möchte blutige Tränen weinen.«
»Habe Dank, Meister Isegrim«, versetzte der Schäfer. »Ich sehe, du hast ein sehr mitleidiges Herz.«
»Das hat er auch wirklich«, fügte des Schäfers Hund hinzu, »sooft er unter dem Unglücke seines Nächsten selbst leidet.«
(Gotthold Ephraim Lessing, 1729–1781)

Der Werwolf-Mythos

Kommen wir zu einem der spannendsten und faszinierendsten Kapitel, die das Thema Wolf hergibt: dem Werwolf-Mythos.

Weltweit gibt es kaum ein Tier, um das sich so viele und bekannte Mythen ranken wie um den Wolf. Eine besondere Rolle spielt hierbei der Wehrwolf-Mythos: ein tagsüber normaler Mensch, der sich nachts in ein unersättliches Raubtier verwandelt, das kleine Kinder frisst. Der Glaube, ein Mensch könne sich in einen Wolf verwandeln (Lykanthropie), reicht sehr weit zurück – bis zum Ende der Bronzezeit, als etwa 1800 v. Chr. in Mesopotamien der Gilgamesch-Epos entstand, worin u.a. die Verwandlung eines Hirten in einen Wolf geschildert wird.

Später praktizierten Schamanen und Druiden entsprechende Rituale: Sie trugen Wolfsmasken und Wolfsfelle; sie tanzten und töteten Opfertiere bei schamanischen Heilungen und anderen Anlässen. In den ersten nachchristlichen Jahrhunderten dann entstanden in der archaischen Zeit des germanischen Tiertotems die sogenannten Wolfshäuter: Männer, die sich in Wolfshäute hüllten und glaubten, so die Kräfte der als stark und mächtig angesehenen Wölfe anzunehmen, zu Wolfsmenschen, also Werwölfen zu werden. Die Gewänder, mit deren Hilfe Menschen sich in altgermanischen Vorstellungen in Wölfe verwandeln, »die Hülle wechseln« konnten, wurden als »ulfahamir« bezeichnet, was Wolfsgewand bedeutet. Diese rituellen Verkleidungen gelten bis heute als Vorbild für das Aussehen der Werwölfe.

So sah man den Werwolf über Jahrhunderte: als kinderraubendes und -fressendes Ungeheuer.

Der Werwolf als Metapher des Bösen

Die Bezeichnung »Werwolf« (und »Geißtwolf«) wurde seit dem 10. Jahrhundert ganz allgemein für die Gegner des Christentums verwandt. Die Kirche des Mittelalters verfolgte und folterte vermeintliche Werwölfe ebenso wie vermeintliche Hexen. Das erstaunt nicht wirklich, denn beide waren – von der Kirche ins Böse verdrehte – letzte Spuren der »Religion der Großen Mutter«, des Glaubens, dass in vor- und frühgeschichtlicher Zeit eine große Erd-, Mond- und Muttergöttin oberste Gottheit war.

Nahrung bekam das Werwolf-Phänomen auch in Notzeiten der Wölfe. So führte der große Hunger während der extrem kalten Winter um 1250 vermutlich sogar zu vereinzelten Wolfsangriffen auf den Menschen. Doch die meisten Wissenschaftler sind sich heute sicher, dass die Aggressionen der Wölfe gegenüber dem Menschen in fast allen Fällen von der Tollwut hervorgerufen wurden. Die grauenhafte Krankheit breitete sich verstärkt im Hochmittelalter aus, und viele Wölfe infizierten sich.

Mit Beginn der Inquisition ab dem 15. Jahrhundert wurde der Werwolf als Gehilfe des Teufels amtlich: ein blutrünstiger Dämon, der Menschen frisst, Schafe reißt und mit dem Teufel in Kontakt steht. Halb Mensch, halb Wolf, wird er fortan als Inbegriff des Bösen gejagt. Wie die Hexen wird er zum Teil sogar rituell verbrannt oder gehängt.

Dass man auf Werwölfen sogar reiten kann, weiß man aus einer bizarren Begebenheit, die sich im Jahr 1433 um die Pfingstzeit im Nordwesten der Schweiz zugetragen haben

Wölfe können mit ihrem kräftigen Gebiss durchaus einen furchterregenden Eindruck machen.

Auf dieser Darstellung von Lucas Mayer aus dem Jahr 1589 sieht man die abscheuliche Hinrichtungsprozedur des angeblichen »Werwolfs« Peter Stump.

soll. Jakob Buser, der auf dem Weg in den Weinberg war, hatte um die Mittagszeit eine Frau »auf einem Wolf reitend« herannahen sehen. Von dem Anblick sei er so erschrocken gewesen, dass er ins Gebüsch flüchtete und sich dort versteckte. Als er später dieses mysteriöse Geschehen dem Gericht des Baseler Rates schilderte, muss er sich seines Erlebens derart sicher gewesen sein, dass er sogar »zu Gott« schwor. Dem Gericht genügte diese eine Aussage, um die arme Frau, ihr Name war Gerin Kollerin, zum Tode zu verurteilen.

Solche höchst fragwürdige Rechtsprechung bekam 1484 weitere Unterstützung, als zur Amtszeit Papst Innocenz' VIII. die Bulle »Summis desiderantes« herausgegeben wurde. Sie stellte die wichtigste ideologische und juristische Basis für das Töten von »Hexen«, »Zauberern« und »Werwölfen« dar.

Dunkle Zeit grotesker Werwolfprozesse

Geschichten über Angriffe von Wölfen auf ganze Dörfer verstärkten im 16. Jahrhundert das Bild vom Wolf als Inkarnation des Bösen. Die Hoch-Zeit der Werwölfe begann. Und man brauchte nicht lange zu warten, bis erste »Augenzeugenberichte« auftauchten, die menschenfressende Ungeheuer mit rot leuchtenden Augen beschreiben.

Für die Gerichte und all die »Rechtsprecher« waren solche Schilderungen willkommener Anlass, sich zu profilieren, was an der rapide steigenden Anzahl der Werwolfprozesse zu sehen war. Geringste Verdächtigungen haben manchmal genügt, um zum Tode verurteilt zu werden, wie der vorlaufend geschilderte »Wolfsritt«-Fall der Gerin Kollerin gezeigt hat.

Dass es noch heftiger zugehen kann, zeigt eine Geschichte aus Genf, wo sich ein Mann angeblich in einen Werwolf verwandelt und 16 Kinder getötet hat. Er wurde am 15. Oktober 1580 hingerichtet. Dies besagt eine Notiz aus der »Sammlung von Nachrichten zur Zeitgeschichte aus den Jahren 1560–87«, von Johann Jakob Wick.

Ein Fall, der sich nur acht Jahre später in Bedburg nahe Köln zugetragen hatte, sollte sogar für internationales Aufsehen sorgen: Ein gewisser Peter Stump wurde angeklagt, sich in einen Wolf verwandelt und mindestens zwei Männer, zwei schwangere Frauen und 13 Kinder (darunter seinen eigenen Sohn) und eine große Menge Vieh getötet zu haben; von den Opfern aß er jeweils nur das Gehirn. Laut eigenem Geständnis hatte er 25 Jahre lang mit einer Teufelin »gebuhlt« und dazu Blutschande mit seiner Tochter getrieben. Die Hinrichtung am 31. Oktober 1589 in Bedburg zog eine große Menschenmenge an. Stump wurde auf ein Rad gebunden und mit glühenden Zangen gepeinigt. Dann wurde er enthauptet, doch zuvor wurden ihm noch Arme und Beine mit einer Axt zerschlagen. Auf dem Richtplatz wurde ein Rad mit einem hölzernen Wolf aufgerichtet und der Kopf des Toten daraufgesteckt. Kurz darauf verbrannte man seinen kopflosen Leichnam und, nach der damals schon gebräuchlichen Devise »mitgegangen, mitgehangen«, seine Geliebte und seine Tochter gleich mit.

Regelrecht glücklich preisen konnte sich dagegen Metze Gerlach aus Felsberg (Niederhessen). Sie kam mit dem Leben davon, obwohl sie neben »Tierschädigung« beschuldigt wurde, dass sie »des Nachts mit ihren Kindern als reißender Wolf ihr Unwesen treibe«. Gegen eine Bürgschaft von 400 Gulden wurde sie freigelassen mit der Auflage, »sich jederzeit auf Verlangen wieder einzustellen«.

Eine dramatische Zunahme dieser absurden Verhandlungen zeichnete sich im 17. Jahrhundert ab, insbesondere zur Zeit des Dreißigjährigen Krieges. Severin Wiese, aus der Herrschaft Alme im Herzogtum Westfalen, war einer dieser »Unglückseligen«, einer von abertausenden Opfern, die es zu jener Zeit in Deutschland und Europa gab. Sein Fall gehört zudem zu den wenigen, die detailliert dokumentiert wurden:

Aus der Akte erfahren wir, das er am 10. Juni 1630 (zehn Tage vor seiner Hinrichtung) mit Folter zu seiner Aussage genötigt wurde und letztlich bekannte,

... daß er ein wahrwulff sei, welche wahrwulfschaft zu gebrauchen habe ihnen der teuffel vor 10 jahren am Bernsche gelert, hätte seine kleider ausziehen und die am huls in einem holdenbaum stechen, daruff mit der teuffel einen schwarzen gürtel getaen, so er umb den leib und in der linken seiten zugespannen. Alsfort sein die hende die fordersten und die beine die hindersten fueße worden, hette ein kurz schwenzelein und kurze ohren gehabt.

Noch drei Tage vor seinem Tod vermerkt das Protokoll, dass er vor dem Pastor die Werwolfschaft geleugnet hat. Aber alles half nichts – am 20. Juni 1630 wurde er hingerichtet.

Der Werwolf bekommt Gesellschaft

Wenn wir nun mit einer gewissen schaurigen Faszination diese schlimmen Geschehnisse betrachten, so bleibt die Frage, wie es europaweit zu einer derartigen Entwicklung kommen konnte, wie allen Ernstes auch hochgebildete Leute, vornehmlich aus Amts- und Kirchenkreisen, diese bisweilen hochbizarren Gruselgeschichten glauben konnten.

Unterdessen gesellten sich zu den Werwölfen auch andere »Artgenossen«.

Es ist allgemein bekannt, dass unter anderen Stücken der vermeynten Macht der Zauberer und Hexen auch diese seyn soll, dass sie sich in unterschiedliche Thiere verwandeln, oder die Gestalten derselben annehmen können. ... Und dass in Sonderheit die Frauen in Katzen, und unterweilen in Hasen, die Männer aber in Wölffe verwandelt werden, welche Wölffe dann Währ- oder Wahr-Wölffe, Franz. Loups Garoux, genennet werden.

Ob kleine oder große Wölfe – Menschenfleisch steht nicht auf ihrem Speiseplan.

Der berühmte Werwolf, die »Bestie von Gévaudan«, wird hier von François Antoine am 21.09.1765 dem König Frankreichs, Ludwig XV., präsentiert.

So heißt es in dem Werk »Curiose Erzählung von den Währ-Wölffen« des deutschen Theologen Eberhard David Hauber (1695–1765). Im ausgehenden 17. Jahrhundert waren Werwolfprozesse also zur »normalen Realität« geworden und nichts Ungewöhnliches mehr. Nur wenige Vorfälle brachten es daher noch zu überregionaler Beachtung, wie der »Werwolf von Ansbach«. Dieser Fall, der das Thema Werwölfe abschließen soll, zeigt auch, wie sehr sich inzwischen die Grenzen zwischen Mythos und Realität verwischt hatten.

Bei seinem eigenen Begräbnis zugegen

Der »Werwolf von Ansbach« war nach zeitgenössischen Aussagen ein Wolf, der um 1685, vermutlich aus Mangel an Wild, eine unbekannte Anzahl von Menschen in Ansbach attackierte. Innerhalb eines Vierteljahres soll er zwei bis drei Kinder getötet haben.

Der »Ansbacher Werwolf«, auf einer Darstellung auf einem Flugblatt von 1685, während seines Sturzes in einen Brunnen.

Skurril wird der Fall jedoch, weil einige Ansbacher Bürger glaubten, das »Untier« sei der verstorbene betrügerische Pfleger Michael Leicht, der zur Strafe in einen Wolf verwandelt worden war. »Zeugen« wollen beobachtet haben, dass er bei seinem eigenen Begräbnis zugesehen und nachts als Werwolf in ein weißes Tuch gehüllt seine alte Wohnung aufgesucht habe.

Um den Ansbacher Werwolf zu fangen, ging man mit großer List vor und gestaltete einen mit Reisig überdeckten Brunnen zur Wolfsgrube um. Dies trieb den hungrigen Wolf letztlich in den Tod, als er ein Huhn verfolgte und dabei in diese Wolfsgrube fiel. Die Bürger machten dann kein langes Federlesen und töteten ihn. Nachdem der tote Wolf stolz zur Schau gestellt worden war, zog man ihm das Fell buchstäblich über die Ohren. Sein ausgestopfter Körper wurde mit einem Gesicht aus Pappe versehen, mit Perücke und Umhang verkleidet und an einen eigens errichteten Galgen in der Nähe von Ansbach aufgehängt. Neben bildlichen Darstellungen überliefert das nachfolgende Gedicht eine Beschreibung der damaligen Geschehnisse.

Ich Wolf, ein grimmig Thier und Fresser vieler Kinder,
Die ich weit mehr geacht', als fette Schaf' und Rinder,
Ein Hahn, der bracht' mich um, ein Bronnen war mein Tod;
Nun häng' am Galgen ich, zu aller Leute Spott.
Als Geist und Wolf zugleich thät ich die Menschen plagen,
Wie recht geschiehet mir, daß jetzt die Leute sagen:
Ha! du verfluchter Geist bist in den Wolf gefahren,
Hängst nun am Galgen hier geziert mit Menschenhaaren.
Dieß ist der rechte Lohn und wohlverdiente Gab',
So du verdienet hast, der Galgen ist dein Grab.
Hab' dieses Trankgeld dir, weil du fraßt Menschenkinder,
Wie ein wuthgrimmig Thier und rechter Menschenschinder.

Der hl. Augustinus (354–430), der sich bereits in der Antike mit ähnlichen Themen beschäftigte, lehnte Tierverwandlungen grundsätzlich ab. Gestützt auf Beispiele aus der antiken Mythologie, glaubte er darin nur Sinnestäuschungen und teuflische Vorgaukelungen zu sehen. Für den Christen hatten die angeblichen Metamorphosen nichts mit Dämonenkunst, sondern mit der menschlichen Einbildungskraft zu tun.

Diese Meinung teilen viele Experten der heutigen Zeit, die sich mit dem Werwolf-Mythos beschäftigen.

Kleines Sammelsurium rund um das Wort »Wolf«

Das Wort »Wolf« erscheint heute weltweit millionenfach in verschiedensten Variationen und Schreibweisen – in Vor-, Familien-, Orts- und Straßennamen, Regionen, geologischen Formationen, Tier- und Pflanzennamen, Redewendungen und Sprichwörtern.

Das deutsche »Wolf« stammt vom germanischen »ulv« ab, seinerseits abgeleitet vom gotischen »vilvan«, »valv«, was mit »rauben« übersetzbar ist. Einem Kind den Namen Wolf oder Ulf zu geben, galt in mittelalterlichen Zeiten als Mittel, um übernatürliche Wolfsgeister zu täuschen. Tapfere Kämpfer erhielten Namen wie Wolfhard, Wolfbercht oder Wolfbrant. Geläufig sind noch heute Wolfgang und Rudolf.

Eine Begleitung durch die Odinstiere Wolf und Rabe (Wolf-Rhaban) bedeutete Sieg, woher der Name Wolfram (auch: dem Wolf weissagend) stammt. Wolf-Hraban war ursprünglich ein Heldenname.

Von den Fähigkeiten des Wolfes, geschickt und kühn zu sein, leitete sich der Name Rudolf, also Ruhmwolf ab. Adolf kam von Adalolf, das bedeutete Edelwolf. Etwa 464 Vornamen mit den Endungen -of, -uf und -ulf sind derzeit bekannt. Bekannte Namensträger sind Wolfram Taubert (* 1938, mein guter Freund und bekannter ARD-Naturfilmer), Wolf-Dieter Poschmann (* 1951, deutscher Fernsehmoderator), Wolf von Lojewski (* 1937, Journalist und ZDF-Moderator) und Wolf Dietrich von Raitenau (1559–1617, Fürsterzbischof von Salzburg). Ein amerikanischer Naturfotograf von Weltrang trägt den Wolf in seinem Familiennamen: Art Wolfe (* 1951).

In Deutschland findet sich »Wolf« in vielen Ortsbezeichnungen wieder, wie z. B. in Wolf bei Biberach, Wolf als Stadtteil von Traben-Trarbach, Wolfsbruch bei Rehdingen, Wolfsburg in Niedersachsen, Wolfsförder Mühle bei Feine, Wolfshof bei Dannenberg, Wolfschlugen (bedeutet »Lauerhöhle des Wildes«), Wolfsbühl bei Trochtelfingen, Wolfsschlucht bei Lautertal, Wolfert bei Ehingen, Wolfenhausen bei Neustetten, Wülferode bei Hannover, Wülfingen und Wülfinghausen bei Springe, Wulf bei Wittlage, Wulfsode bei Ülzen, Wulferding bei Sulingen, Wulfersheide bei Meile, Wulfsburg bei Osterholz, Wulfenau bei Winsen a. d. L. sowie in den Namen von über 570 deutschen Gemeinden. Ganz im Zeichen des Wolfes steht Wolfsegg, eine Gemeinde im Oberpfälzer Landkreis Regensburg. Erbauer der um 1278 errichteten Burg Wolfsegg waren die Herren Wolf von Schönleiten.

Als Wolfsschanze wurde das Führerhauptquartier Adolf Hitlers bezeichnet, das von Juni 1941 bis November 1944 genutzt wurde und in Ostpreußen, im heutigen Polen, steht. Im Saupark Springe bei Hannover stand einmal eine alte »Wolfsbuche« unweit des geologischen Höhenzuges »Wolfsköpfe«. Der »Wolfsfelsen« erinnert noch heute an die Jagden von Württembergs Herzog Ulrich, der oft auf Wolfsjagd ging. 1514 ließ er bei Sankt Johann einen der vielen Wolfsgärten anlegen. Dorthin mussten seine Untertanen ihr totes Vieh als Wolfsköder liefern. Von dieser Stelle zeugt noch heute der »Wolfsfelsen«. Das Toteisloch »Wolfsgrube«, im Landkreis Fürstenfeldbruck, wurde 2005 als eines der schönsten Geotope in Bayern ausgezeichnet.

Bei den Säugetieren ist der Wolf tatsächlich der einzige Vertreter seines Namens. Auch in der Vogelwelt gibt es keinen »Wolf«-Namensvetter. Bei den Insekten hingegen ist er beim Wolfsmilchschwärmer, beim Wolfsmilch-Ringelspinner, bei der Wolfsmilch-Gallmücke und der Wolfsspinne »verewigt«. Der Wolf stand auch bei verschiedenen Pflanzenarten Pate. Neben den oben erwähntenWolfsmilchgewächsen gibt es den Hohen Wolfsftrapp und den Ufer-Wolfstrapp. Eine Beziehung zum Wolf lässt sich tatsächlich beim Ufer-Wolfstrapp erkennen, dessen Blätter dem Scherenschnitt eines Wolfsschwanzes stark ähneln.

Im Volksglauben des deutschen Mittelalters hat der Räuber Wolf einen »Wolfshunger«. Dass der Wolf als Dämon gesehen wurde lässt sich auch daran erkennen, dass Wölfe in Deutschland und Frankreich mit den glei-

Wolf und Rabe – seit »Ewigkeiten« haben die beiden Gesellen eine tiefe mythologische Verbindung, die bis heute besteht.

chen Mitteln vertrieben wurden wie Vampire oder Teufel. So wurden im Mittelalter von französischen Schäfern den Leithammeln Knoblauchknollen um den Hals gebunden, um die Wölfe fernzuhalten.

Einen besonders langen, kalten Winter mit sehr viel Schnee nennt man auch »Wolfswinter«, die Monate von November bis Februar »Wolfsmonate«, und »Wolfskälte« herrscht, wenn es sehr kalt und frostig ist.

Ein gar harter Winter ist, wenn ein Wolf den andern frisst.
Mathilde Witt (1903–1983)

Es ist besser, als ein Wolf zu sterben, denn als Hund zu leben.
Herbert Wehner (1906–1990)

Des Wolfes Schuld, des Viehhüters Fehler.
Estnisches Sprichwort

Wo der Wolf lebt, wächst der Wald.
Russisches Sprichwort

Homo homini lupus (Der Mensch ist des Menschen Wolf).
Titus Maccius Plautus (römischer Komödiendichter, ca. 250–184 v. Chr.)

Der Mond ist die Sonne der Wölfe.
Herkunft unbekannt

Rückkehr in die alte Heimat

Gesamtdeutsche Chronologie der erfolgreichen Rückkehrer

Als 1996 ein einsamer Wolf aus Polen deutschen Boden betrat, war dies nur ein kleiner Schritt für ihn als Individuum, aber ein großer Sprung für die Zukunft der Wölfe in Deutschland. Der Wolf hatte seine »ganz persönliche Mondlandung« vollzogen, vergleichbar der von Neil Armstrong, der als Kommandant der Mondlande-Mission mit «Apollo 11« 1969 als erster Mensch den Mond betrat. Beide »Missionare« haben für ein Jahrhundertereignis gesorgt – nur eben in zwei verschiedenen Welten.

Aber kommen wir auf den Boden der irdischen Welt zurück. Einer Welt, die nicht mehr so ist, wie sie war, bevor der polnische Wolfsrüde in die Lausitz eingewandert ist. Und es wäre sicher wohl auch nicht zu einem Jahrhundertereignis gekommen, wäre nicht der 1998 nachgefolgte Wolf durch, so möchte ich sagen, »göttliche Fügung« eine Wolfsfähe gewesen. Und es wäre noch immer keine »Story mit Happy End« geworden, wenn die beiden sich nicht in der Muskauer Heide gefunden hätten. Doch sie fanden sich. Und nicht nur das, sie konnten sich auch »gut riechen« und weitere zwei Jahre später – im Jahr 2000 – eine sechsköpfige Familie gründen. Es war das erste »Wolfsrudel«, das es seit über 150 Jahren wieder in Deutschland gab. Und es ging als historisches Ereignis in die Geschichte ein.

Vorhergehende Doppelseite: Was liegt wohl vor uns? Können wir uns diesen neuen Lebensraum erobern?

Deutschland ist wieder Wolfsland

Überall im ganzen Land hat man diese Entwicklung mit großer Freude zur Kenntnis genommen, besonders natürlich die Natur- und Wolfsfreunde, die Naturschutzverbände, die Presse, auch die zuständigen Behörden. Alle waren sich einig, dass man hier wieder einen kostbaren Schatz in der heimischen Fauna hat, den es zu schützen, zu hegen und zu pflegen gilt. Dass es leider auch die »ewig Gestrigen« gibt, die nicht nur den Wolf ablehnen, sondern ihm sogar mit höchst krimineller Energie nachstellen, ja ihn sogar trotz gesetzlichen Schutzes illegal töten, haben wir zur Genüge auf vielen Seiten der vorlaufenden Kapitel erfahren. Hier sei nochmals ganz klar gesagt, dass in Deutschland vermutlich viel früher intakte Rudel entstanden wären, wenn diese »Wildschützen« dies nicht im Keim erstickt hätten. So wurden allein im Mai 1991 vier Wölfe in Brandenburg erschossen. Später noch weitere drei Wölfe. In Sachsen, Sachsen-Anhalt und Niedersachsen hat man ja, wie bereits vorlaufend erwähnt, ähnliche leidvolle Erfahrungen machen müssen. Noch schlimmer als Jägerflinten sind Fangeisen, die längst verboten sind und niemals hätten irgendwo aufgestellt werden dürfen. Als im Jahr 2000 ein 42 kg schwerer Wolfsrüde, den man später »Naum« taufte, in Brandenburg in eine solche Falle geriet, muss er große Qualen erlitten haben. Er verlor dabei ein Bein, wurde eingefangen und in den Wildpark Schorfheide gebracht, wo er sein »Gnadenbrot« bekam und einige Jahre später verstarb.

Doch zurück zu den Wolfs-Erfolgsnachrichten, die ja glücklicherweise bei Weitem überwiegen. Denn inzwischen ist unser »Urwolf«-Paar aus der Muskauer Heide sehr fleißig gewesen und hat im Jahr 2001 erneut Nachwuchs bekommen. Diesmal zwei Welpen. Im Jahr darauf sind es dann drei Welpen.

Ihre älteren Geschwister – die vier Jungwölfe von 2000 – haben unterdessen den Sprung ins eigene Leben gewagt und sind im Winter 2001/2002 abgewandert. Sie halten sich aber nur etwa 30 km westlich des Rudelterritoriums ihrer Eltern auf. Eines der

Ein glückliches Wolfspaar. So oder ähnlich muss auch die erste Begegnung des Muskauer-Heide-Paares verlaufen sein. Sie waren die ersten »Wolfssiedler«, die nach anderthalb Jahrhunderten wieder in ihre alte Lausitzer Heimat zurückgekehrt sind und eine neue Wolfsära begründet haben.

vier Tiere sollte es dabei noch zu besonderer Berühmtheit bringen: die sogenannte Neustädter Wölfin, die sich 2002 in der Neustädter Heide etablieren konnte.

Verliebt in einen »falschen Wolf«

Ein selten seltsames Liebespaar sorgt 2003 wieder einmal für Schlagzeilen. Aber diesmal solchen, mit denen beim besten Willen niemand gerechnet hat. Die oben erwähnte Neustädter Wölfin ist nämlich offensichtlich auf eine »falsche Fährte« geraten und hat sich doch tatsächlich in einen Hund verliebt.

Noch sind es nur einzelne Wölfe, die gelegentlich durch den Bayerischen Wald streifen. Die Landschaft wäre ideal geeignet für eine dauerhafte Besiedlung, denn Wild ist in großer Zahl vorhanden. Allerdings auch die zweibeinigen Jäger, die jedoch den Wolf mittlerweile mehrheitlich akzeptieren.

Dieser »falsche Wolf« hat der Wölfin wohl schöne Augen gemacht. Und das Ergebnis der Liaison mit diesem »artfremden Casanova« zeigte sich wenige Monate später in Form von neun quicklebendigen Wolf-Hund-Mischlingen.

Gut, irren ist offensichtlich eben nicht nur menschlich. Doch das Mutterglück sollte dennoch nicht von langer Dauer sein. Denn mysteriöserweise waren von den neun Welpen innerhalb des ersten Jahres sieben verschwunden – wohin auch immer. Auch die beiden eingefangenen Wolfshybriden, die man in das Freigehege im Nationalpark Bayrischer Wald brachte, starben einige Monate später.

Das Muskauer-Heide-Rudel, von all diesem Trubel völlig unberührt, zieht 2003 derweil fünf gesunde Welpen auf; zwei der im Jahr 2001 geborenen Jungtiere sind inzwischen abgewandert.

Willkommen Wolf! Noch heißt es, vorsichtig das neue Territorium zu erkunden und dabei kilometerlange Strecken zurückzulegen.

2004 gehen aus dem Muskauer-Heide-Rudel wieder zwei Welpen hervor. Und für die Jungwölfe von 2002 heißt es wieder einmal »Abschied nehmen«.

Wolfsrückkehrer auch im Bayerischen Wald

Machen wir nun einen Sprung nach Ostbayern, wo es spektakuläre Neuigkeiten gibt. Nach über 100 Jahren ist dort nämlich wieder ein Wolf in die uralten Reviere im jetzigen Nationalpark Bayerischer Wald zurückgekehrt. Im Winter 2004/2005 werden eindeutige Spuren entdeckt. Karl Friedrich Sinner, Leiter der Nationalparkverwaltung Bayerischer Wald, untersucht gemeinsam mit den Experten der deutschen Gesellschaft zum Schutz der Wölfe auf über 1,5 km Länge eine Spur unterhalb des Lusengipfels und kann sie eindeutig dem Wolf zuordnen.

In der Lausitz ist man da schon wesentlich weiter mit dem »Projekt Wiederbesiedlung«. Denn ein fescher Wolfsrüde hat inzwischen der Neustädter Wölfin »den Hof« gemacht und im Frühjahr 2005 mit ihr das siebenköpfige Neustädter Rudel gründet. Ebenfalls fünf Welpen zieht auch das aus dem Muskauer-Heide-Rudel hervorgegangene, völlig neu entstandene Nochtener Rudel auf, womit nun erstmals zwei eigenständige Rudel in der Wolfsregion Lausitz leben. Gegründet wurde des Nochtener Rudel durch eine

Der sicherste Ort für einen Wolf ist und bleibt der Wald, ohne Straßen, Autos und die damit verbundenen tödlichen Gefahren.

Tochter des Muskauer-Heide-Rudels und deren Halbbruder.

Als bislang großartigstes Wolfsjahr der neuen Ära sollte 2006 in die »neue deutsche Wolfsgeschichte« eingehen. Nun sind es schon drei Rudel, die durch die Lausitz pirschen. Leider sollte das Leben eines neun Monate alten Welpen des Neustädter Rudels am 10. Februar an der A 15 bei Forst schon wieder beendet werden. Er ist das statistisch erste Verkehrsopfer nach der Wende. Ebenfalls durch ein Auto wird auch ein zwei- bis dreijähriger, 30 kg schwerer Wolfsrüde getötet, der Ende Mai von Italien nach Bayern eingewandert war. In der Nähe von Pöcking am Starnberger See ist für ihn »Endstation«. Einen mit acht Welpen sensationell großen Wurf gibt es aus dem Nochtener Rudel zu vermelden. Leider wird auch ein (vermutlich verhungerter) Welpe dieses Rudels am 17. Oktober tot aufgefunden.

Nicht ganz so groß, aber mit sechs Welpen immer noch beachtlich ist der diesjährige Wurf des Neustädter Rudels. Und diesmal alles »reinrassige Wölfe«. Wir erinnern uns, drei Jahre zuvor hatte die Rudelchefin eine Liebschaft mit einem »falschen« Wolfsvater gehabt, aus dem neun Wolf-Hund-Mischlinge hervorgingen.

Vorhergehende Doppelseite: Zwei Junggesellen auf ihrer winterlichen Pirsch im sächsischen Wald. Jungwölfe können bis zu zwei Jahre im elterlichen Rudel leben, bis sie abwandern und neue Reviere suchen.

Inzwischen konnte östlich des Nochtener Rudels ein drittes Rudel – das Daubitzer Rudel – bestätigt werden. Gleich im ersten Wurf werden vier Welpen geboren. Nur wenige Monate später – im Oktober – stirbt der dritte Wolf im Jahr 2006: ein vermutlich verhungerter fünf Monate alter weiblicher Welpe des Nochtener Rudels.

Schicksalsjahr 2007: mindestens fünf tote Wölfe!

Das Jahr 2007 sollte für die Wölfe in Deutschland zu einem sehr traurigen werden und begann so, wie das alte endete: mit bedrückenden Nachrichten über tote Wölfe. Mit fünf toten Wölfen (vermutlich sogar neun!) in nur einem Jahr stellt es den bisherigen Negativrekord auf. Bereits am 8. Februar gibt es das erste Opfer zu beklagen: Ein Wolfswelpe wird auf der B 156 nahe Boxberg überfahren. Es zeigt sich mehr und mehr, dass die moderne Infrastruktur und die Unachtsamkeit und Rücksichtslosigkeit mancher Autofahrer für die Wölfe eine enorme Gefährdung darstellen.

Bessere Nachrichten kommen Mitte März aus der Schorfheide, im Nordosten Brandenburgs, wo in der Gegend um Groß Schönebeck erstmals Spuren eines Wolfes entdeckt und Meister Isegrim dort eindeutig nachgewiesen werden kann.

Ein traurige Meldung ereilt uns dann im April, als ein etwa einjähriger Wolfsrüde in Schleswig-Holstein bei Eutin angefahren wird und stirbt. Wie genetische Untersuchungen ergeben, muss er schon eine lange Reise hinter sich gebracht haben, denn er gehörte zur deutsch-westpolnischen Population. Er war der erste wild lebende Wolf in Schleswig-Holstein nach über 100 Jahren.

Mehr Glück hatte der Wolf, der nur einen Monat später gut 150 km südlich von Eutin in Niedersachsen bei Unterlüß durch die Lüneburger Heide (Landkreis Uelzen) streifte und anhand von Fotos zweifelsfrei nachgewiesen werden konnte. Bereits seit dem Herbst 2006 hatte es immer wieder Hinweise (Spurenfunde und zwei Sichtbeobachtungen) auf einen Wolf in der Region gegeben. Doch erst seit Mai 2007 wird es offiziell bestätigt: »In der Heide lebt jetzt ein wilder Wolf« titelt stolz die »Hannoversche Allgemeine Zeitung« am 24.05.2007. Zu Recht, denn in Niedersachsen hat sich erstmals seit mehr als 50 Jahren wieder ein Wolf angesiedelt. Und zwar, uns überrascht das nicht mehr, auf einem Testgelände eines Wehrtechnikunternehmens. Die seltsame Vorliebe für militärische Gebiete, welcher Art auch immer, und das flächendeckend deutschlandweit, wird wohl Meister Isegrims Geheimnis bleiben. Aber es erfreut des Wolfsfreunds Seele, dass es Regionen gibt, wo sich die Tiere noch richtig wohlfühlen. Und vor allem, wo sie auch bei Jägern willkommen sind.

Dass dies oft ganz anders ist, wissen wir aus vielen Beispielen, die zum Teil in diesem Buch genannt wurden. Und auch einen weiteren tragischen Fall gibt es, der sich südlich der Lüneburger Heide, im Raum Hildesheim, im Januar 2003 ereignet hat. Ein Jäger hatte damals eine im Jahr 2002 aus einem sächsischen Wildtiergehege ausgebrochene Wölfin erschossen, die schon mehrere Monate lang im südlichen Niedersachsen unterwegs war. Letztlich schaden diese »Straftäter in grüner Kluft« nicht dem Ruf des Wolfes, sondern dem ihrer eigenen Gilde, in der sich ja auch mittlerweile viele Wolfsfreunde befinden. Und es werden stetig mehr!

Welch ein schönes Bild, wenn gesunde Wolfswelpen durch die Landschaft pirschen. Doch für viele Jungwölfe ist bereits das erste auch das letzte Lebensjahr, ganz gleich ob durch illegale Abschüsse oder Autoverkehr.

Sag mir, wo die (vier) Wölfe sind

Wer von uns hat es nicht schon ein- oder mehrmals im Leben erlebt: »unfreiwillig« fotografiert (»geblitzt«) worden zu sein. Und es gibt wohl keinen, der sich dann über diese »Beweisfotos« freut. Es sei denn, auf den Bildern sind Wölfe zu sehen. So geschehen am 16. und 17. Mai 2007, wo um 4:46 Uhr bzw. 4:16 Uhr ein Wolf in der Lieberoser Heide mit einer sogenannten Fotofalle fotografiert wurde. Und es war nur einer von (vermutlich) vier Wölfen, die sich dort aufgehalten haben. Doch wieder einmal hält die Freude darüber, dass (neben der Zschornoer Heide) endlich ein zweiter vermeintlich »sicherer« Wolfsstandort in Brandenburg nachgewiesen werden kann, nur kurz an. Denn schon ein Jahr später sind alle Wölfe spurlos verschwunden. Es ist traurig, denn die Wölfe sind wahrscheinlich illegal abgeschossen worden. Von solch schlimmen Geschehnissen sollen sich später im Jahr zwei weitere, ähnlich dramatische Fälle in anderen Regionen ereignen.

Aus dem »deutschen Urwolfsland« gibt es in diesem ereignisreichen Sommer Hocherfreuliches zu vermelden: Im Nochtener Rudel haben fünf Welpen, im Neustädter Rudel acht Welpen und im Daubitzer Rudel mindestens vier Welpen das Licht der Welt erblickt. Die bange Frage ist und bleibt, ob oder wie lange »man« sie am Leben lässt. Ganz gleich ob fahrlässig, durch den ständig wachsenden Autoverkehr, oder vorsätzlich, durch Jägerfrevel. Und zu letzterer Kategorie gibt es den Fall vom 15. August 2007, über den ich schon im Kapitel »Das Wolfsbild einst und jetzt« *(»Wölfin von der Rochauer Heide« erschossen)* ausführlich berichtet habe und der hier nur chronologisch erwähnt sein soll.

Kurios und rätselhaft: Wurde ein Wolf Opfer seiner eigenen Beute?

Doch tödliche Gefahren für den Wolf, man höre und staune, lauern sogar in der »tiefen Wildnis«. Dort, wo sich so manche Dramen ereignen, von denen wir niemals etwas erfahren werden. So wissen wir nicht, wie das am 7. August 2007 im Revier des Neustädter Rudels gefundene Wolfsweibchen umgekommen ist. Experten vermuten, dass sie von einem Wildschwein getötet wurde.

Für Erstaunen sorgt im August auch noch ein anderer seltsamer Fall, als zwei Gäste aus Sibirien auf dem Weg nach Dübrichen (Südbrandenburg, Elbe-Elster-Kreis) waren. Sie trauen ihren Augen kaum, als aus einer Schlehenhecke plötzlich zwei Wölfe auftauchen und Richtung Wald laufen. Die weitgereisten Gäste beteuerten, dass es keine verwilderten Hunde waren, und man darf es ihnen auch ungesehen glauben, da Bewohner Sibiriens ganz genau wissen, wie ein Wolf aussieht, zumal Wölfe zum völlig normalen »Inventar« der dortigen Natur zählen. Zwei Monate später, am 24. Oktober, bekommt Brandenburg erneut Wolfsbesuch, aber diesmal wieder »solo«. Eine automatische Videoüberwachungskamera hat dieses schöne Ereignis auf Film gebannt, als der Graupelz gerade in der brandenburgischen

Dieser Wolf im winterlich verschneiten Wald ist auf der Suche nach geeigneter Beute.

Uckermark, im Biosphärenreservat Schorfheide-Chorin, eine Wildbrücke überquert. Dennoch geht das »Wolfsjahr 2007«, das ereignisreichste bislang, mit einem äußerst traurigen Ereignis zu Ende – dem illegalen Abschuss eines Wolfsrüden während einer »Gesellschaftsjagd« am 15. Dezember im Landkreis Lüchow-Dannenberg bei Gedelitz (Niedersachsen). Auch über diesen Fall – das »qualvolle Ende eines Wolfes auf Brautschau« – habe ich im zweiten Kapitel schon ausführlich berichtet.

Faszinierend – Wölfe sogar im Fichtelgebirge gesichtet!

Die erste Wolfsnachricht von 2008 schlägt gleich ein wie ein Blitz. Ja, in den tiefen Wäldern des nordbayerischen Fichtelgebirges sind Wölfe gesichtet worden. Und das, nachdem vor knapp 128 Jahren, am 21. Juli 1882, auf dem Scheibenberg bei Kulmain der Gastwirt und Jäger Martin Wiesend den letzten Wolf in der Region ausgerottet hatte. Alle Mitteilungen über Hinweise zur Anwesenheit von Wölfen aus den vergangenen zwei bis drei Jahren sind von Experten gesammelt und nun ausgewertet worden. Sie belegen eindeutig, dass im Fichtelgebirge wieder Wölfe unterwegs sind.

Doch wie in jedem Jahr reißen die Katastrophenmeldungen auch diesmal nicht ab. So wird am 25. Januar ein acht Monate alter Rüde des Nochtener Rudels auf der B156 bei Weißwasser überfahren. Und: Der NABU Mecklenburg-Vorpommern e.V. und der Freundeskreis freilebender Wölfe e.V. machen sich große Sorgen um ihre beiden Wölfe auf dem Truppenübungsplatz Lübtheen (Mecklenburg-Vorpommern). Im November 2006 konnte der erste Wolf und nur wenige Monate später, im Februar 2007, ein weiteres Tier nachgewiesen werden. Im Laufe der darauffolgenden Monate wurde die Anwesenheit dieser beiden Wölfe regelmäßig durch Spuren- und Losungsanalysen bestätigt. Ein Tier wurde sogar genetisch nachgewiesen.

Große Aufmerksamkeit erregten die Tiere während dieser Zeit durch ihre Beutezüge auf nicht geschützte Schafherden. So war es im April 2007 im Raum Woosmer drei Mal zu Schafrissen gekommen. Nachdem im Januar 2008 ein weiteres Mutterschaf und 20 Jungtiere gerissen wurden, verliert sich die Spur der beiden Wölfe. Auffälliger geht es nicht. Liegt es nicht nahe, dass man sie illegal abgeschossen hat? Wie naiv muss man sein, um glauben zu können, dass nach all dem Geschehenen die Wölfe plötzlich abgewandert sein sollen.

In diese Thematik fällt möglicherweise auch die seltsame Situation, dass die Zschornoer Wölfe die im Jahr 2007 sicher nachgewiesenen Welpen nicht mehr führen. Das gilt seit Februar 2008 als sicher. Nach Ansicht von Experten hat das Paar seine Jungen vermutlich schon im Sommer 2007 verloren.

Für erfreuliches Aufsehen sorgt dann im Mai die Nachricht, dass im nordhessischen Reinhardswald erstmals ein Jungwolf über Wochen hinweg mehrmals gesichtet wurde. In den folgenden Wochen wird das Tier immer wieder gesehen und sogar fotografiert.

Dieses Bild zeigt die Spuren des Wolfes vom Reinhardswald, der hier im Sommer 2009 in den lehmigen Waldboden dieses kleine Loch gescharrt und auch seine Trittsiegel hinterlassen hat.

Eine Wolfsmutter füttert ihre beiden Welpen. Oft bleiben von einem größeren Wurf nur zwei Welpen – bisweilen sogar nur einer – übrig. Gründe für das Sterben der Welpen gibt es viele.

Reicher Kindersegen im Lausitzer Wolfsland

Bei den vielen schweren Verlusten dieses und des vergangenen Jahres freuen wir uns natürlich umso mehr über die guten Nachrichten, die es im Sommer 2008 aus den Wolfskindergärten zu berichten gibt:

So wurden im Nochtener Rudel acht Welpen, im Neustädter Rudel fünf und im Daubitzer Rudel mindestens zwei Welpen geboren. Südlich des Truppenübungsplatzes Oberlausitz, im Gebiet des Biosphärenreservats »Oberlausitzer Heide- und Teichlandschaft«, können sogar zwei neue Rudel nachgewiesen werden: das Daubaner Rudel mit mindestens drei und das Milkeler Rudel mit mindestens vier Welpen. Erneut führen die Zschornoer Wölfe keine Welpen.

Wir sind wieder am westlichen Grenzgebiet der Niederlausitz, wo sich Ende September noch ein hochspektakuläres Ereignis zutragen soll: Wie mir Revierförster Fritz Quitter vom Forsthaus Wallhaus berichtet, hatte an einem der letzten Septembertage ein Autofahrer wohl eine der seltensten Tierbeobachtungen seines Lebens. Er traute seinen Augen kaum, als er sah, wie drei Wölfe in den Morgenstunden zwischen Hilmersdorf und Dübrichen (Elbe-Elster) ein siebenköpfiges Wildschweinrudel in wilder Hatz verfolgten. Der zoologische Laie hielt die drei Wölfe allerdings zunächst für Schäferhunde. Da jene aber niemals im Verband ein Wildschweinrudel verfolgen würden, darf die spektakuläre Jagdszene eindeutig Meister Isegrim zugeordnet werden. Es waren vermutlich die Wölfe, die auch schon 2008 an anderen Stellen dieser Region beobachtet wurden.

Mit der Sichtung eines Wolfes in Solling (Südniedersachsen), der aber vermutlich der altbekannte »Wolf vom Reinhardswald« ist, geht das Wolfsjahr diesmal gottlob still und ohne Hiobsbotschaften zuende.

Tragischer Rekord 2009: sechs tote Wölfe in einem Jahr!

Dafür werden sie gleich zu Beginn des neuen Jahres »nachgereicht«. Und trauriger denn je. Auch im dritten Jahr in Folge gibt es im Lausitzer Wolfsland zum Anfang des Jahres tote Wölfe, meist Welpen, zu beklagen. Erschütternd, dass im Januar 2009 innerhalb von nur drei Wochen gleich drei Welpen des Nochtener Rudels ums Leben kommen. Einer wird totgefahren, auf der B 156 zwischen Boxberg und Weißwasser (7.1.), einer wird an

einer Bahnstrecke gefunden (21.1.), und nur einen Tag später noch ein dritter in einem Wald zwischen dem Tagebau Reichwalde und Kreba (Kreis Görlitz). Es ist die Jungwölfin, die illegal angeschossen und qualvoll an einem Bauchschuss sterben muss, worüber ich bereits berichtete (»Das lange Sterben der jungen Wölfin«). Auch den Leitwolf des Altengrabower Rudels ereilt ein ähnliches Schicksal, als er durch einen Jäger am 8. Juni 2009 illegal erschossen wird (ich berichtete).

Die gute Nachricht: Im Januar tauchen die ersten Wölfe im Erzgebirge auf. Ein Rehriss, der im Januar zwischen Grünheide und Rautenkranz gefunden wird, soll laut Aussagen von Forstexperten nach dem derzeitigem Erkenntnisstand tatsächlich vom Wolf stammen.

Erfreuliche Nachrichten kommen auch am 24. Juli aus dem Landesumweltamt Brandenburg: Es gibt ein neues Wolfsrevier in Brandenburg! Und zwar auf dem ehemaligen Truppenübungsplatz Jüterbog-West. Zunächst sorgt Jungwolf Karl für große Freude und Aufmerksamkeit, als er in diesem Gebiet auftaucht. Wie seine GPS-Daten verraten, führt ihn seine zweieinhalbwöchige Wanderung durch Brandenburg auch nach Jüterbog. Allerdings hält es ihn dort nicht lange und er ist zurück in seiner sächsischen Heimat. Sein Bruder Alan hingegen wanderte inzwischen sogar bis nach Weißrussland.

Rätselraten herrscht aber nach wie vor, wer, wenn nicht Karl, der neue Wolf sein soll. Damit nicht genug – die Experten des Landesumweltamts Brandenburg können durch ein gezieltes und kontinuierliches Monitoring sicher nachweisen, dass sich sogar zwei Wölfe im Bereich des ehemaligen Truppenübungsplatzes aufhalten (und am Ende des Jahres werden es sogar drei sein).

Auch vom (noch aktiven) Truppenübungsplatz Altengrabow können im Juli 2009 inzwischen fünf Welpen nachgewiesen werden. Es sind vermutlich die Nachkommen des illegal erschossenen Rüden (ich berichtete). Das Straferfahren des Todesschützen läuft übrigens noch, aber der NABU drängt auf eine schnelle Aufklärung.

Nachweise von Einzeltieren gibt es ebenfalls: in der Wittstocker bzw. Kyritz-Ruppiner

Ein sieben Wochen alter Wolfswelpe schaut verträumt zwischen den alten Kiefernstämmen hervor. Die mehr als berechtigte Frage ist: Wird er ein »normales Alter« erreichen?

Heide (ehemaliges Bombodrom), in der Jännersdorfer Heide (Prignitz) und auf dem Truppenübungsplatz Lehnin im westlichen Brandenburg.

Doch die schönste Nachricht: Brandenburg hat sein erstes »richtiges« Rudel, also einen Familienverband aus Altwölfen und Welpen. Es ist das Welzower Rudel mit sechs Welpen. Das Zschornoer Wolfspaar, das weiter östlich lebt, ist erneut ohne Nachwuchs.

Todesfalle Straße: zwei getötete Welpen in drei Wochen!

Aus dem sächsischen Teil der Lausitz, wo fünf Wolfsfamilien leben, erreichen uns im Frühherbst 2009 gute, aber auch sehr traurige Nachrichten. Zuerst die schlechten: Noch nicht einmal drei Wochen, nachdem am 15. September auf der B 156 eine vier Monate alte Wölfin überfahren wurde, findet am 2. Oktober auch ihr Bruder den Tod an nahezu gleicher Stelle. Er ist der zweite Welpe des Nochtener Rudels und der fünfte Wolf insgesamt, der seit 2007 auf dieser Bundesstraße getötet wurde. Die B 156 entwickelt sich zu einer regelrechten Todesfalle, und man fragt sich, warum behördlicherseits nicht endlich etwas dagegen unternommen wird (Stichwort »Wildschutzzäune«, Tempolimit-Schilder etc.).

Verblieben sind dem Nochtener Rudel nun noch sechs Welpen. Im Daubaner Rudel sind mindestens drei Welpen nachgewiesen, ebenso im Milkeler Rudel. Im Daubitzer Wolfsrudel gibt es mindestens einen Welpen. Das Neustädter Wolfspaar, das fünf Welpen großzog, hat sein Revier vermutlich in den Bereich der Lausitzer Seenlandschaft verlagert und heißt fortan Seenland-Rudel. Am 13. Dezember sorgt der fünfte an der B 156 totgefahrene Wolf (ein 19 Monate alter Rüde) innerhalb eines Jahres für den tragischen Rekord.

Kurz vor Weihnachten führt der Ausflug eines Wolfes von der hessischen Landesgrenze hinein nach Nordrhein-Westfalen. Die Schlagzeilen lassen nicht lange auf sich warten. »Erstmals seit 19. Jahrhundert wieder

Eine Lausitzer Bilderbuchlandschaft mit Wiesen und Wäldern – hier fühlen sich Wölfe wohl.

Wolf in NRW«, heißt es. Doch die Euphorie verfliegt schnell, denn Artenschutzexperten vermuten in dem »neuen« Wolf einen »alten Bekannten«, nämlich den Wolf vom Reinhardswald.

Das Jahr 2010 beginnt sehr verheißungsvoll. Seit dem Jahreswechsel zählt die Lieberoser Heide zu den sieben Brandenburger Gebieten, in denen mindestens ein Wolf lebt. Die Belegfotos dazu lieferten drei Fotofallen – im Wald montierte Kameras mit Bewegungsmeldern – bereits im Dezember und im Januar. Vermutlich ist es ein Rüde, der wieder durch die Heide zieht.

Auch auf dem ehemaligen Truppenübungsplatz Lieberose gibt es immer wieder Hinweise auf Wölfe. Im Mai 2007 wurde ein Tier mit einer automatischen Kamera in der Nähe des Teerofensees »geblitzt« (ich berichtete). Seit November 2009 gibt es nun von Förstern und Jägern weitere Hinweise auf die Existenz – zumindest eines Wolfes –, der zum Jahreswechsel, am 27.12. und 3.1., in die Fotofalle »tappt«, als er auf der ehemaligen Schießbahn auf den 3150 ha großen Flächen der Stiftung Naturlandschaften Brandenburg entlangspaziert.

»Die Stiftung Naturlandschaften Brandenburg heißt den Wolf in Lieberose willkommen«, sagt Dr. Heiko Schumacher, Projektleiter der Stiftung. Die Lieberoser Heide ist somit das achte Wolfsrevier im Land Brandenburg, zählt man das an der Grenze zwischen Brandenburg und Sachsen-Anhalt gelegene Gebiet vom Truppenübungsplatz Altengrabow mit hinzu.

Kommen wir nun zu den vorerst letzten und aktuellsten »News« für unsere Wolfs-Chronik in diesem Buch. Wider Erwarten kommen sie nicht aus der Lausitz, sondern aus Bayern: Im Mangfallgebirge, gut 50 km Luftlinie südöstlich von München, werden Ende Januar 2010 eindeutige Spuren eines frei lebenden Wolfs entdeckt. Doch im Frühjahr verliert sich die Spur wieder. »Wir wissen nicht, wo der Wolf jetzt ist«, sagt Manfred Wölfl, der nach den chaotischen und pannenreichen Aktionen um Braunbär »Bruno« vom Bayerischen Umweltministerium als Wildtier-Manager eingesetzt wurde.

Im Gegensatz zum Braunpelz ist die Stimmung dem Graupelz gegenüber aber »sehr gut«, wie Wölfl betont. Wollen wir hoffen, dass auch die Stimmung gegenüber allen anderen Wölfen, die nun wieder in Deutschland leben, gut bleibt oder wird. Das ist von entscheidender Wichtigkeit für die gesamte Zukunft der Wölfe in Deutschland.

Anmerkung des Autors: *Die in der Chronologie genannten Fakten und Zahlen wurden bisweilen von den vielen verschiedenen Berichterstattern bzw. offiziellen Stellen/Behörden z.T. sehr unterschiedlich dargestellt bzw. mit widersprüchlichen Zahlen unterlegt. Daher möchte ich nachdrücklich darauf verweisen, dass ich trotz des größtmöglichen Rechercheaufwandes keinerlei Garantie für die Richtigkeit der Angaben geben kann.*

Ein wilder, knapp einjähriger Lausitzer Wolf kommt auf eine Lichtung, um auf seine allabendliche Pirsch zu gehen.

Wolfsnachweise anhand von Todfunden in Deutschland von 1945 bis 2009

Jahr	Monat	Bundesland	Landkreis	Tötungsart	Geschlecht	Alter (J./M.)	Gewicht (in kg)	Quellen
1948	August	Niedersachsen	Fallingbostel	Abschuss	m	4,5 J.	42,5	Mohr 1953, Lindemann 1953, v. Notz 1969, Butzeck
1952	März	Mecklenburg-Vorpommern	Parchim	Schlingenfang/erschlagen	m	ca. 6 J.	?	DDJ 1952, Heyden-Linden 1952, v. Notz 1969, Butzeck et al. 1988
1952	März	Niedersachsen	Celle	Abschuss	m	4–5 J.	54	Narjes 1952, Müller Using 1952, Mohr 1953, v. Notz
1952	Juli	Niedersachsen	Uelzen	Abschuss	m	6–7 J.	40	Müller-Using 1952, Mohr 1953, v. Notz 1969
1955	Oktober	Niedersachsen	Nienburg	Fangeisen	m	sehr alt	30,5	Kleinschmidt 1956, v. Notz 1969, Butzeck et al. 1988, Stubbe 1989
1956	Februar	Niedersachsen	Gifhorn	Abschuss	m	ca. 4 J.	41	Kleinschmidt 1956, v. Notz 1969, Stubbe 1989
1956	Dezember	Sachsen-Anhalt	Burg	Abschuss	?	?	?	Butzeck et al. 1988
1961	März	Brandenburg	Luckau	Abschuss	m	4–5 J.	70	Hempel 1956, Lüttschwager 1962, Müller-Using 1962, Paepke 1964, Illig 1969, Butzeck et al. 1988
1963/64	?	NRW	Bergheim	Abschuss	?	?	?	v. Notz 1969
1972	?	Bayern	?	Abschuss	?	?	?	Meyer 1974
1973	Dezember	Niedersachsen	Rotenburg/Wümme	Abschuss	w	7–8 M.	28,5	Meyer 1974
1976	April	Brandenburg	Jüterbog	Schlingenfang	m	?	40	Ullrich 1979, Butzeck et al. 1988, Stubbe 1989
1979	September	Brandenburg	Beeskow	Abschuss	m	2–3 J.	43	Oppermann 1983, Stubbe 1983
1982	Mai	Sachsen-Anhalt	Genthin	Abschuss	m	2–3 J.	37	Butzeck et al. 1988, Stubbe 1983
1982	September	Brandenburg	Herzberg/Elster	von Kugel verletzt, verludert	m	?	?	Pfeifer 1987, Goretzki 1987, Butzeck et al. 1988, Stubbe 1989
1982	Oktober	Niedersachsen	Celle	Abschuss	w	ca. 2 J.	?	Ackermann 1982, Hosang 1982, v. Notz 1982
1984	September	Mecklenburg-Vorpommern	Ludwigslust	Abschuss	m	3–4 J.	37	Roth 1985, Goretzki 1987, Butzeck et al. 1988, Stubbe 1989
1985	November	Brandenburg	Eberswalde	Abschuss	m	?	45	Pfeiffer 1987, Goretzki 1987, Butzeck et al. 1988, Stubbe 1989
1986	November	Brandenburg	Eberswalde	Abschuss	m	?	33	Pfeiffer 1987, Goretzki 1987, Butzeck et al. 1988, Stubbe 1989
1987	Februar	Mecklenburg-Vorpommern	Hagenow	Abschuss	m	3–4 J.	40	Pfeiffer 1987, Goretzki 1987, Butzeck et al. 1988, Stubbe 1989, Sommer 1999
1989	Mai	Mecklenburg-Vorpommern	Ribnitz-Damgarten	Abschuss	m	3 J.	42	Sommer 1999, Neues Deutschland 27./28.5.1989
1991	Mai	Brandenburg	Prignitz	illegal erschossen	m	?	?	MLUV, Brandenburg
1991	Mai	Brandenburg	Barnim	illegal erschossen	m	?	?	MLUV, Brandenburg
1991	Mai	Brandenburg	Märkisch-Oderland	illegal erschossen	m	alt	40	MLUV, Brandenburg
1991	Mai	Brandenburg	Barnim	Verkehrsopfer/illegal erschossen	m	?	?	MLUV, Brandenburg
1992	Februar	Sachsen-Anhalt	Salzwedel	illegal erschossen	m	jung	72	Volksstimme/Lokalausgabe Salzwedel v. 14.2.1992 (J. Lippert, pers. Mittl.)
1992	September	Bayern	?	Verkehrsopfer	?	?	?	Bufka et al. 2005
1993	August	Brandenburg	Barnim	Verkehrsopfer	m	ca. 3 J.	42,8	MLUV, Brandenburg

Jahr	Monat	Bundesland	Landkreis	Tötungsart	Geschlecht	Alter (J./M.)	Gewicht (in kg)	Quellen
1994	Juli	Brandenburg	Uckermark	illegal erschossen	m	?	48	MLUV, Brandenburg
1994	Dezember	Bayern	Cham	Verkehrsopfer/ illegal erschossen	m	?	?	Bufka et al. 2005
1999	Januar	Mecklenburg-Vorpommern	Uecker-Randow	illegal erschossen	m	2–3 J.	39,3	Sommer 1999
2000	Januar	Brandenburg	Oder-Spree	Lebendfang	m	?	42	Teubner 2000
2003	Januar	Niedersachsen	Göttingen	illegal erschossen	w	?	?	NLWKN, Niedersachsen
2004	Januar	Bayern	Passau	illegal erschossen	m	?	44	SMUGV, Bayern
2006	Februar	Brandenburg	SPN	Verkehrsopfer	w	9 M.	28	LUPUS, MLUV Brandenburg
2006	Mai	Bayern	Starnberg	Verkehrsopfer	m	2–3 J.	30	Landratsamt Starnberg
2006	Oktober	Sachsen	Görlitz	verhungert?	w	5 M.	?	Kontaktbüro Wolfsregion Lausitz
2007	Februar	Sachsen	Görlitz	Verkehrsopfer	w	9 M.	?	Kontaktbüro Wolfsregion Lausitz
2007	April	Schleswig-Holstein	Ostholstein	Verkehrsopfer	m	1 J.	?	Welt online, 25.4.2007
2007	August	Sachsen	Görlitz	Wildschweinangriff?	w	15 M.	?	Kontaktbüro Wolfsregion Lausitz
2007	August	Brandenburg	Dahme-Spreewald	illegal erschossen	w	9 M.	?	Kontaktbüro Wolfsregion Lausitz
2007	Dezember	Niedersachsen	Lüchow-Dannenberg	illegal erschossen	m	?	37	Welt online, 17.12.2007
2008	Januar	Sachsen	Görlitz	Verkehrsopfer	m	8 M.	?	Kontaktbüro Wolfsregion Lausitz
2009	Januar	Sachsen	Görlitz	Verkehrsopfer	m	8 M.	?	Kontaktbüro Wolfsregion Lausitz
2009	Januar	Sachsen	Görlitz	Verkehrsopfer	m	8 M.	?	Kontaktbüro Wolfsregion Lausitz
2009	Januar	Sachsen	Görlitz	illegal erschossen	m	8 M.	?	Kontaktbüro Wolfsregion Lausitz
2009	Juni	Sachsen-Anhalt	Jerichower Land	illegal erschossen	m	2 J.	41	NABU, 8.6.2009, IZW Berlin, Umweltministerium Sachsen-Anhalt
2009	September	Sachsen	Görlitz	Verkehrsopfer	w	4 M.	?	Kontaktbüro Wolfsregion Lausitz
2009	Oktober	Sachsen	Görlitz	Verkehrsopfer	m	5 M.	?	Kontaktbüro Wolfsregion Lausitz
2009	Dezember	Sachsen	Görlitz	Verkehrsopfer	m	19 M.	?	Kontaktbüro Wolfsregion Lausitz

Quellen: Reinhard & Kluth, »Leben mit Wölfen«, BfN-Skripten 201, 2007, Bonn, sowie »Totfunde von Wölfen in Sachsen und Brandenburg seit 2000«, Kontaktbüro Wolfsregion Lausitz, 2010, Rietschen; bearbeitet, aktualisiert und ergänzt von Olaf Schulz; keine Gewähr auf Vollständigkeit!
Abk.: w = weiblich, m = männlich, J. = Jahre, M. = Monate
Wichtige Anmerkung: In dieser Statistik konnte leider die Dunkelziffer illegal getöteter Wölfe nicht berücksichtigt werden, die nach Meinung hochrangiger Experten weit über der hier angegebenen Zahl liegen dürfte! Diese Vermutung wird genährt durch die hochgradig beunruhigende Tatsache, dass allein der gesamtdeutsche, mindestens 44-köpfige Wolfsnachwuchs der Jahre 2008 und 2009 (jeweils 22 Welpen) bislang nirgendwo in Deutschland beobachtet oder registriert wurde, so, wie es bei abgewanderten Wölfen seit Jahr und Tag der Fall ist!

Nahe Moritzburg (Sachsen) hat man im 17. Jahrhundert den erschossenen Wölfen ein Denkmal gesetzt.

Wolfsbiotope in Deutschland

Dass der Wolf gut für die Landschaft ist und hier als »Waldsanierer« dringend gebraucht wird, steht außer Frage. Er wird jenes ökologische Gleichgewicht wiederherstellen, das der Mensch mit der systematischen Ausrottung des Wolfes vor über 1000 Jahren empfindlich gestört und später sogar restlos zerstört hatte.

Die Russen waren weiser, hatten nie ihre Wolfsbestände gänzlich ausgerottet, denn sie wussten: »Wo der Wolf lebt, wächst der Wald«. Diese »Wolfsweisheit« griff auch Prof. Dr. Matthias Freude, der Präsident des Landesumweltamtes Brandenburg, auf, als er am 12. März 2010 als Referent auf der Fachtagung »Der Wolf in Brandenburg« über dieses Thema sprach. Seine Ausführungen waren höchst beeindruckend, denn am Beispiel der Wölfe vom Yellowstone-Nationalpark (USA) konnte er zeigen, wie extrem positiv sich die Wölfe auf die gesamte Ökologie der Natur auswirken. In gerade einmal 70 »wolfsfreien« Jahren war die Natur »umgekippt«. Das heißt, Wapiti-Hirsche und Kojoten nahmen überhand. Blütenpflanzen, Sträucher und Bäume, ja eine ganze Reihe von Vogel- und sogar Fischarten gingen zugrunde. Die Tiere und Pflanzen des Ökosystems, die sich über Jahrtausende harmonisch aufeinander »eingespielt« hatten, wurden wieder einmal vom Menschen in verheerender Weise gestört.

Das geglückte »Yellowstone-Experiment« – in Deutschland wiederholbar

1995 änderte sich das schlagartig, als in einem großen Wolfswiederansiedlungsprojekt 14 kanadische Wölfe ausgewildert und unter Schutz gestellt wurden. Adler, Raben, Biber, ja sogar Bären waren wieder auf der Gewinnerstraße. Ebenso viele Blumen-, Gräser- und Weichgehölzarten dieser Region.

Genauso positiv kann der Wolf auch bei uns in Deutschland wirken. Denn just dort, wo sich jetzt die Wolfsrudel in der Lausitz angesiedelt haben, war ja die Natur massiv aus dem Gleichgewicht geraten, z.B. in den zahlreichen, berüchtigten »Mondlandschaften« der Tagebaue, etwa dem **Tagebau Welzow** (Brandenburg). Dort kann der Wolf jetzt als »Landschaftspfleger« aktiv werden, indem er Verbissschäden durch Schalenwild erheblich minimiert. Ebenso in geschlossenen Wäldern, wo das Schwarzwild dafür bekannt ist, den Boden gewaltig »auf den Kopf« zu stellen.

Legendär ist mittlerweile die Vorliebe der Wölfe für Truppenübungsplätze, wenngleich die aktiv genutzten Areale wie in **Altengrabow** (Sachsen-Anhalt) und besonders auf dem Truppenübungsplatz Oberlausitz in der **Muskauer Heide** (Sachsen) natürlich für die Wölfe auch eine Bedrohung darstellen. Als ich mehrere Tage im **Naturschutzgebiet Niederspree**, südlich der Muskauer Heide, unterwegs war, konnte ich beobachten, wie intensiv dort die Schießaktivitäten sind und sich nonstop über 24 Stunden hinziehen. Es bleibt ein Rätsel, warum die Wölfe diese permanente Lärmkulisse zu tolerieren scheinen, obwohl sie auf Störungen, die sich in ihren normalen und nicht vom Militärbetrieb beeinflussten Biotopen ereignen, normalerweise empfindlich reagieren. Es ist eben offensichtlich alles nur

eine Gewöhnungsfrage. Denn die Wölfe wissen wohl, dass sie – bis auf ebendiesen Lärm – ansonsten ihre »Ruhe« haben.

Etwas anders gestalten sich ehemalig militärisch genutzte Gebiete wie in der Zschornoer und der **Lieberoser Heide** oder bei Jüterbog (alle Brandenburg). Hier sind, neben den Altgehölzen, z. T. große offene Sandflächen vorhanden, durchsetzt von noch relativ jungem Baumbewuchs aus Kiefern, Birken, Espen und Eichen.

Märchenhafte Wolfslandschaften

Besonders natürliche Biotope finden die Lausitzer Wölfe im Bereich des **Biosphärenreservats Oberlausitzer Heide- und Teichlandschaft** (Sachsen) vor. Hier wechseln sich alte Kiefernwälder mit Eichen-Buchen-Wäldern ab, die durchzogen sind von hunderten Teichen, Auwäldern, Mooren und Heideflächen. Also das komplette Mosaik einer ausgewogenen und bisweilen märchenhaft schönen »Wolfslandschaft«.

So romantisch können Wolfslandschaften sein, wie hier der Tauerwiesenteich in der Oberlausitz. Fehlt nur noch das Heulen der Wölfe ...

Nächste Doppelseite: Auch durch die Bergwälder des Bayerischen Waldes ziehen immer mal wieder Wölfe. Doch wann wird es hier das erste wilde Rudel geben?

Das letzte Sonnenlicht verwandelt diese Landschaft im Lausitzer Wolfsrevier in eine unwirklich schöne Naturkulisse.

Von einer solchen kann man auch bei der **Kyritz-Ruppiner Heide** im Nordwesten Brandenburgs sprechen, die seit Kurzem ja auch Wolfsland ist. Die eiszeitlich geprägten Kiefern-Buchen-Wälder mit Bächen, Mooren und Weihern sind von naturbelassener, urtümlicher Schönheit.

Ganz ähnlich präsentiert sich auch die weiter östlich gelegene **Schorfheide**, die bislang zwar nur Wolfsdurchzugsgebiet ist, sich aber bald schon zu einem Gebiet fest ansässiger Wolfsrudel entwickeln kann. Gleiches scheint in der nördlich davon gelegenen **Ueckermünder Heide** sowie der **Lübtheener Heide** (beide Mecklenburg-Vorpommern) möglich, mit bislang aber nur Wolfseinzelnachweisen.

Blicken wir nun in den **Reinhardswald** (Hessen): Das über 200 km große und bis 472,2 m ü. NN hohe Mittelgebirge des Weserberglands ist bereits seit einigen Jahren wieder Wolfsland. Leider gelangen bislang nur Einzelnachweise von vermutlich dem gleichen Tier, aber die Voraussetzungen für ein Rudel wären optimal.

Der Reinhardswald ist mit seinen sehr weitläufigen, sanft gewellten, äußerst artenreichen Bergwäldern eines der am wenigsten besiedelten Gebiete Deutschlands. Und innerhalb Hessens stellt er das größte in sich geschlossene Waldgebiet dar, in dem insbesondere Buchen und Eichen gedeihen. Außerdem gibt es weit ausgedehnte und auch uralte Hutewaldflächen, z. B. den Urwald Sababurg. Hier habe ich im Sommer 2009 tatsächlich einige Spuren entdeckt und fotografieren können. Dies beweist, dass der Wolf auch vom Menschen frequentierte Gebiete besucht.

Wölfe lieben (wieder) die bayerische Bergwildnis

Wie wir seit dem Jahr 2008 wissen, sind auch im **Fichtelgebirge** (Bayern) immer wieder Wölfe unterwegs. Diese können sich zu den inzwischen schon gut eingelebten Beutegreifern Luchs und Wildkatze hinzugesellen. Das Fichtelgebirge ist, wie auch der benachbarte Oberpfälzer Wald, ein Gebiet, das dem Wolf nahezu ideale Bedingungen bietet. Dies geht aus der vom Bundesamt für Naturschutz in Auftrag gegebenen Studie »Leben mit Wölfen – Leitfaden für den Umgang mit einer konfliktträchtigen Tierart in Deutschland« hervor.

Betrachten wir nun zu guter Letzt noch das wohl bekannteste und älteste Bergwaldgebiet Bayerns, das seit Kurzem ebenfalls als Lebensraum für Wölfe interessant zu werden scheint: den **Bayerischen Wald**.

Beim berühmten griechischen Geographen Ptolemäus (100–175 n. Chr.) wird dieses Waldgebiet als »Gabreta hyle« bezeichnet, was vermutlich auf keltische Ursprünge zurückgeht und so viel bedeutet wie »Steinbockwald« oder »Geißenwald«. Der Wolf hatte also zu dieser Zeit einen reich gedeckten Tisch. Und als im 6. Jahrhundert frühe bayerische (mit keltischen, römischen und germanischen Genen durchmischte) Stämme das Gebiet besiedelten, gehörte Isegrim zur »normalen« Tierwelt. Das könnte wieder so werden, denn auch heute ist der Tisch reich gedeckt. Zwar mit anderer Nahrung als früher, aber der Wolf hat ja schon oft bewiesen, wie gut er sich an die »Welt der Menschen« anpassen kann. Wenn wir ihn leben lassen und ihm seinen Anteil an der Natur wiedergeben, ihm die Nahrung und den Lebensraum gönnen, wird er auch in Bayern – und in ganz Deutschland – wieder eine dauerhafte Heimat finden.

Nächste Doppelseite: In einem Familienrudel findet eine Vielzahl sozialer Interaktionen statt: Da wird geknurrt und geschmust und es geht immer darum, den Rang innerhalb des Rudels zu festigen.

Natürliche Wasserstellen, wie dieser kleine Tümpel, sind für die Wölfe sehr wichtig.

Zur Biologie und Ökologie des Wolfes

Das Erscheinungsbild des Wolfes

Mit einer Schulterhöhe von rund 60–90 cm sind Wölfe die größten Vertreter der heute noch lebenden Caniden. Rechnet man zur Körperlänge (von der Nasenspitze bis zum Schwanzansatz) von etwa 100–160 cm noch die Schwanzlänge (bis zu 54 cm) hinzu, können Wölfe also maximal gut 2 m Gesamtlänge erreichen. Diese Maße sind abhängig von der Region und der Beute. Daher variiert das Gewicht auch dementsprechend – und z.T. erheblich.

Als wohl schwerster aller im 20. Jahrhundert in Deutschland nachgewiesenen Wölfe ging der Rüde, der am 24. März 1961 im Mehlsdorfer Busch von einem Bauern auf grausame Weise getötet wurde (ich berichtete), als »Würger von Ihlow« in die Geschichte legendärer deutscher Wölfe ein. Er wog 70 kg. Der arabische Vetter des Grauwolfs, *Canis lupus arabs*, ist mit durchschnittlich 20 kg dagegen nur ein »Fliegengewicht«.

Die echten »Wolfsriesen« leben in Polen

Die vermutlich größten europäischen Wölfe leben heute in den Waldzonen Polens, Lettlands und Weißrusslands. Sie erreichen eine Kopf-Rumpf-Länge von bis zu 160 cm (plus Schwanzlänge von zusätzlich ca. 52 cm), eine Schulterhöhe von etwa 80 cm und ein Gewicht von bis zu 80 kg. Gerade in den urwüchsigen Wäldern von Bialowieza (Ostpolen) scheinen die Wölfe sich am besten zu entwickeln. Dort leben, vermutlich aufgrund des hervorragenden Nahrungsangebotes, auch die schwersten Exemplare.

Das Fell des gemeinen Grauwolfs zeigt eine Färbung von weißen über braungelbe und graubraune bis schwarzen Farbtönen. Längs der Rückenmitte und der Rute überwiegen dunklere Haare.

Das Fell setzt sich aus drei Arten von Haaren zusammen: dem Deckhaar, dem Grannenhaar und der Unterwolle, die einen hervorragenden Schutz auch gegen extreme Temperaturen bietet. Das dichte Winterfell (bis zu 6 cm) lässt den Wolf bis in den späten Frühling hinein viel massiger aussehen als in den Sommermonaten.

Das Wechseln des Fells erfolgt nur einmal jährlich, im späten Frühjahr. Das dünne und kurze Sommerfell wächst dann im Spätherbst wieder zum Winterfell aus. Das Nackenfell kann dabei bis zu 17 cm lang werden!

Die relativ langen Beine, der lange, federnde Schritt und der gestreckte Körper machen den Wolf zum idealen »Langstreckenläufer« – und zu einem ungewöhnlich energieeffi-

Auf diesem Bild macht der »Grauwolf« seinem Namen alle Ehre, doch schwankt die Grund-Fellfärbung von Region zu Region z. T. erheblich bis hin zum Orangebraun.

Steckbrief des Europäischen Wolfs

Wissenschaftlicher Name

Canis lupus lupus

Körpermerkmale

Schulterhöhe

Wolfsfähe: bis 80 cm

Wolfsrüde: bis 90 cm

Länge

Wolfsfähe: bis 1,3 m

Wolfsrüde: bis 1,6 m

Gewicht

Wolfsfähe: bis 40 kg

Wolfsrüde: bis 80 kg

Fellfärbung

Bei beiden Geschlechtern gleich, graubraun mit hellen Zeichnungen.

Wölfe unterscheiden sich durch die markante, fast weiße Schnauze, Wange, Kehle und Bauchunterseite deutlich von Hunden.

Fortpflanzung

Ranzzeit: Januar – März

Trächtigkeitsdauer: 61–63 Tage

Wurfgröße: 2–8 Welpen

Geburtsgewicht der Welpen: 300–500 g

Entwöhnung: 7–9 Wochen

Geschlechtsreife: nach 2–3 Jahren

Lebensweise

Verhalten: sehr gesellig; leben in Rudeln von meist 3–12 Tieren

Lebensalter: 5–13 Jahre, teilweise deutlich darüber oder darunter

Reviergröße: 150–350 km^2

Abwanderung der Jungtiere: meist im Alter von 10–22 Monaten

Laufgeschwindigkeit: bei (mitunter stundenlangen) Wanderungen durchschnittlich 10 km/h; in Extremsituationen (Flucht oder Jagd) für wenige Minuten bis zu 60 km/h

Reviermarkierung: mit Harn, Losung und akustisch durch Heulen

Kommunikation: großes Repertoire an Körpersprache, Lauten und Duftstoffen; dadurch können die Stimmung und der soziale Rang im eigenen Rudel ausgedrückt und der Kontakt zu Artgenossen aufgenommen werden

Nahrung: in Mitteleuropa in erster Linie Huftiere (Reh, Rothirsch, Wildschwein) und kleinere Säugetiere, aber auch Aas und Beeren; täglicher Mindestbedarf etwa 2–3 kg

Natürliche Feinde: keine – nur der »unnatürliche« Feind Mensch

Gefährdung: nach wie vor große Gefahr in Deutschland durch illegale Abschüsse trotz höchsten Schutzes (1990–2009: deutschlandweit 14 illegal erschossene Wölfe) und hohe Verkehrsdichte (1990–2009: 12 Verkehrsopfer, davon allein 2009 fünf Tiere an der B156 / sächsische Lausitz)

zienten dazu. Im Trab setzt er seine vierzehige Hinterpfote nahezu exakt in die Spur der fünfzehigen Vorderpfote. Dieser »geschnürte Trab« ist die von den Wölfen am häufigsten benutzte Gangart, die einer Geschwindigkeit von 8–10 km/h entspricht. Gerade in der weitläufigen Lausitzer Tagebauregion, in der schwergängiges, weichsandiges Gelände vorherrscht, ist das von großem Vorteil. Bis zu 70 km können an einem Tag bzw. in einer Nacht zurückgelegt werden; im Regelfall sind es etwa 30–40 km.

Auch im Winter immer »warme Füße«

Wölfe sind Zehengänger, das bedeutet, sie setzen nicht den ganzen Fuß auf, sondern gehen nur auf den Zehgliedmaßen. Das zwischen den Zehen befindliche Sohlenpolster dient dabei zur Wärmedämmung und zum besseren Halt auf glattem Untergrund.

Die Wirbelsäule des Wolfes ist äußerst kompakt und setzt sich aus 7 Hals-, 13 Brust-, 7 Lenden-, 3 Kreuzwirbeln (die nach der Ge-

Das markante Trittsiegel des Wolfes, das in feuchtem, lehmigem Boden einem kleinen Kunstwerk gleicht.

burt zum Kreuzbein verwachsen) und 20–23 Schwanzwirbeln zusammen.

Der Kopf des Wolfes ist groß, mit breiter Stirn, schräg sitzende Augen, vergleichsweise kleinen, dreieckigen, an der Spitze ein wenig abgerundete Stehohren und einer im Vergleich zum Hund langen, spitzen Schnauze. Der Schädel beinhaltet ein 140 bis 170 cm^2 großes Gehirnvolumen, das etwa 30 cm^2 größer ist als das von vergleichbar großen Hunden.

Anhand des Schädels lassen sich zahlreiche weitere Unterschiede zwischen Wolf und Hund feststellen. Dies betrifft unter anderem die Form der Augenhöhle, der Ohrmuschel, des Unterkiefers und die Anordnung der Schneidezähne im Unterkiefer. Sie dienen zum Zerkleinern von Beutestücken, wobei eine unglaubliche Kraft in den Kiefern wirkt: 150 kg/cm^2! Dabei wird die Nahrung nicht gekaut, sondern Fleischstücke werden abgerissen und im Ganzen verschlungen. Das Scherengebiss des erwachsenen Wolfes umfasst 42 Zähne, darunter 12 Schneidezähne, 4 Eckzähne, 16 Vorbackenzähne und 10 Backenzähne.

Der Wolf ist mit seiner majestätischen Erscheinung sehr schön anzuschauen und gehört inzwischen wieder zur normalen Fauna unserer heimischen Natur.

Der Wolf ist unverwechselbar

Nochmals möchte ich betonen, insbesondere als Hinweis für Jäger, dass Wölfe praktisch unmöglich mit Hunden verwechselt werden können. Wenngleich man zu DDR-Zeiten (wo der Wolf ohnehin leider geschos-

Keine als »Hund« bezeichnete, vom Menschen designte Kreatur der Welt kann es mit dem in jeder Hinsicht absolut perfekten Original »Wolf« aufnehmen.

sen werden durfte) die Ausrede der Jäger noch billigend durchgehen ließ, man habe einen Wolf »versehentlich« mit einem streunenden Hund verwechselt, so glaubt dies heute kein Mensch mehr. Zu extrem unterscheiden sich die beiden Spezies.

Müßig zu erwähnen, dass die heute über 800 verschiedenen »Qualzüchtungen« von Hunderassen aber auch nicht im Entferntesten an einen Wolf erinnern. Und selbst bei den Rassen, die eine vermeintliche Ähnlichkeit zum Wolf haben, sind die Unterschiede eklatant: Allein die markante, fast weiße Schnauze, Wange, Kehle und Bauchunterseite unterscheiden den Wolf deutlich von (streunenden) Hunden! Wer ganz sichergehen will, beobachte den wolfstypischen, elegant-federnden, leichtfüßigen Lauf, den kein Hund dieser Welt so perfekt beherrscht.

»Sprache« unter Wölfen – Sinnesorgane und Verhalten

Das Leben in einem Wolfsrudel ist von einer beeindruckenden Vielfältigkeit. Dazu gehört zunächst die umfangreiche »Sprache«, mit der die Wölfe miteinander kommunizieren. Wir unterscheiden hierbei vier Grundformen: Die Kommunikation über den Geruchssinn (die olfaktorische Kommunikation) sowie die akustische, optische und die taktile Kommunikation.

Es ist schwer zu sagen, welches der Sinnesorgane nun das wichtigste beim Wolf ist. Es ist wohl vielmehr ein permanentes Zusammenspiel aller Sinne, die dem Leben als Jäger optimal angepasst sind.

Nachtsichtexperte Wolf

Beginnen wir mit der »Mutter aller Sinne« – dem Gesichtssinn. Doch wir werden noch staunen, dass der Wolf »unseren« Vorstellungen über die Sinnesleistungen nicht immer entspricht.

Der bekannte Wolfsforscher Dr. Erik Ziemen, der 2003 im Alter von nur 62 Jahre verstarb, machte diesbezüglich einmal eine eindrucksvolle Beobachtung, als er mit seiner Wölfin Anfa durch einen Wald lief und sie ein etwa 50 m vor ihr stehendes Reh, im Gegensatz zu ihrem zweibeinigen Begleiter, nicht auf Anhieb erkannte. »Erst als sich das Reh bewegte, bemerkte sie die mögliche Beute und jagte hinterher, dann allerdings sehr geschickt, jeder plötzlichen Richtungsänderung des Rehes folgend«, erzählte der Wolfsforscher.

Mit den Augen allein kann ein Wolf die vor ihm stehende Beute also nur schwer erkennen. Andererseits reicht – selbst bei Dunkelheit und großer Entfernung – die kleinste Bewegung aus, um Beute augenblicklich wahrzunehmen. Dabei helfen die nach vorn gerichteten Augen, die dem Wolf ein etwa 180 Grad großes Blickfeld ermöglicht. Weil dieses Blickfeld einen wesentlich breiteren Blickwinkel als beim Menschen umfasst, können Bewegungen eben besonders gut wahrgenommen werden. So vermag ein Wolf notfalls auch blitzschnell den Hufschlägen eines großen Beutetieres auszuweichen, um sich auf diese Weise vor Verletzungen zu schützen. Dabei spielt es keine Rolle, ob viel oder wenig Licht vorhanden ist. Das Sehvermögen ist bei Tag und Nacht nahezu gleich gut.

Bereits im zarten Alter von zwölf Wochen sind die Sinnesorgane des Wolfes nahezu vollständig entwickelt und werden von Tag zu Tag besser.

Wölfe sind »Supernasen«

Wie wir nun wissen, ist der Gesichtssinn zwar hoch entwickelt, aber er reicht bei Weitem nicht an die Fähigkeiten des Geruchs- bzw. Gehörsinns heran.

Der Geruchssinn eines Wolfes ist derart überragend, das Beutetiere sogar am Geruch unterschieden und bei günstigen Windverhältnissen noch auf eine Entfernung von bis zu 2,5 km wahrgenommen werden können. Selbst schon einige Tage alte Gerüche können noch identifiziert werden. Das liegt daran, das die Oberfläche des Riechepithels mit 130 cm^2 um ein Vielfaches größer ist als beim Menschen (nur 5 cm^2). Man weiß heute, dass das Riechvermögen des Wolfs mindestens 100-mal besser entwickelt ist als das des Menschen.

Aber es liegt ja auch in der Natur der Sache, denn keiner von uns muss auf die Jagd gehen, um sich zu ernähren. Beim Neandertaler – vor 50.000 Jahren – war dies allerdings noch ein ganz reales, tägliches Problem, das es zu lösen galt. Wie ich schon anfangs berichtete, war ja die Beute dieses Frühmenschen ganz ähnlich der des Wolfs. Auch der Fleischanteil lag in der Gesamternährung ähnlich hoch wie beim Wolf, nämlich bei ca. 93 Prozent.

Nur äußerst selten bekommt man einen Wolf in dieser Stellung zu Gesicht: er sichert.

Der Informationsaustausch über den Geruchssinnn ist die sogenannte olfaktorische Kommunikation. Sie spielt eine besonders große Rolle beim Erkennen der einzelnen Rudelmitglieder untereinander. Alttiere erkennen sich dabei meist sogar schon aus einer gewissen Distanz, ohne den direkten Körperkontakt aufzunehmen. Bei fremden Artgenossen merkt man dies sehr schnell daran, dass hier praktisch sofort zum Angriff übergegangen wird. Diese interessante Verhaltensweise hat sich ja auch bei uns Menschen seit Langem als »geflügeltes Wort« gut etabliert. Es ist bekannt, dass es Menschen gibt, die sich eben nicht »gut riechen« können.

Achtung, Reviergrenze!

Ganz spezielle Informationen geben Wölfe durch das Absetzen von Geruchsmarken. So werden stets die Reviere mit dem Ablegen der Losung (des Kotes) bzw. mit Urin abgegrenzt. Meist werden dazu markante Landmarken dafür genutzt, etwa Wege, Pfade Waldkanten etc.

»Physikalische« Reviermarkierungen werden bei Wölfen durch Harnen (oben links) und Koten (oben rechts) durchgeführt. Losungen liegen meist an Wegen (unten).

Männliche Wölfe können aus dem Harn der Wolfsfähen zudem genau die »Hitze« herauslesen, also die Informationen über die Paarungsbereitschaft einer Fähe.

Dominante Tiere beschnüffeln den Anal- und Genitalbereich der Partner meist sehr gründlich. Dies stärkt auch den Zusammenhalt der Paare. Während der Ranz ist noch eine Besonderheit zu beobachten: Der Rüde harnt auf die Harnstelle der Wölfin und »synchronisiert« damit den Zusammenhalt des Paares.

Natürlich gilt die enorme Sinnesleistung der Nase auch für »ganz normale« Gerüche. Bei meiner ersten Begegnung mit einem der Jährlinge des Welzower Rudels (Brandenburg) konnte ich selbst aus etwa 200 m Entfernung, gut getarnt und völlig still auf der Kanzel sitzend, ein eindrucksvolles Beispiel beobachten.

Zunächst kam der prächtige Jungwolf aus dem Unterholz auf eine Lichtung gelaufen. Er genoss den milden Frühlingsabend und ich seine grandiose Erscheinung. Nach wenigen Augenblicken begann er dann aber zu sichern, d. h. den Kopf nach vorn zu strecken und die Nase in die Höhe zu recken. Von irgendetwas muss er buchstäblich Wind bekommen haben, denn er trollte sich kurz danach wieder in den Wald zurück. Oder war es doch ein Geräusch, ein Knacken im Unterholz, die Schritte ein Wanderers oder Joggers?

»Lauscher« von höchster Präzision

Das Gehör des Wolfs ist nämlich ähnlich gut entwickelt. In den tieferen Tonlagen hören Wölfe sogar Töne, die sich jenseits der 250 Hz befinden und für Menschen nicht mehr wahrnehmbar sind. Am anderen Ende der Skala können hohe Frequenzen von bis zu 26.000 Hz problemlos unterschieden werden.

Wolfsgeheul, das sich in zwar höherer, aber noch normaler Tonlage befindet, kann noch aus bis zu 16 km Entfernung wahrgenommen und beantwortet werden. Das ist eine äußerst erstaunliche Fähigkeit! Und dank der großen Beweglichkeit der Ohren können Wölfe den Standort einer Schallquelle eben sehr gut und genau bestimmen.

Ganz im Gegensatz zum »flachohrigen« Menschen. Dies konnte ich an einem unfreiwilligen, aber äußerst eindrucksvollen »Freilandexperiment« einmal selbst ausprobieren, als ich mich Anfang August 2000 in den Tiefen des Bialowieza-Nationalparks, ganz im Osten Polens, verirrte. Auf der Fotopirsch nach wilden Wisenten lief ich nur wenige hundert Meter vom Weg weg, aber das genügte, um im dichten Wald »kein Land« mehr zu sehen – und zu hören. Mein polnischer Parkführer begann daraufhin, jeweils im Abstand von wenigen Minuten, mir mittels Hupzeichen den Weg zum Auto zu weisen. Leider

Man kann förmlich sehen, wie perfekt der Wolf hören kann mit seinen nach vorn gerichteten Ohren, denen nicht das Summen einer Fliege entgeht.

ohne Erfolg. Ich hörte zwar das verzweifelte Hupen, konnte aber die Richtung nicht koordinieren, da sich das Geräusch weitflächig im Wald verteilte. Erst die »Hand Gottes« führte mich nach 45 Minuten wieder zum Auto zurück.

Wölfe würden über dieses Erlebnis sicher nur müde lächeln, denn sie vermögen nicht nur den Herkunftsort von Lauten selbst im dichten Wald exakt zuzuordnen, sondern können dank ihrer unabhängig voneinander beweglichen Ohrmuscheln sogar Nagetierlaute im Ultraschallbereich unter der Erde orten.

Der Geschmackssinn ist gleichfalls sehr ausgeprägt entwickelt, ebenso der Tastsinn. Dazu tragen Wölfe lange Haare an der Schnauze – es sind die Tastorgane. Sie empfinden damit übrigens auch Wärme, Kälte – und Schmerzen.

Mimik und Schwanzstellung verraten Gemütszustände

Kaum ein Tier kann eindruckvoller schon allein mit seinem Gesichtsausdruck »Bände« sprechen als der Wolf. Seine Mimik verrät nämlich ganz genau, ob er ruhig, entspannt, aufmerksam, unsicher, unterwürfig, ängstlich oder aggressiv ist.

Manchmal kann ein solches Signal auch mehrere Bedeutungen haben.

Sind z. B. die Ohren angelegt und die Lefzen an der Schnauze etwas hochgezogen, kann dies Flucht oder Angriff bedeuten; beides ist möglich.

Stehen die Ohren am Kopf nach vorn und die Lefzen sind stark zurückgezogen, weist das auf eine klare Angriffsbereitschaft hin. In genau dieser »Ohren-Lefzen-Kombination« stößt der Angreifer also gegen den Angegriffenen, der seinerseits – als Angstgeste – dann die Ohren bis zum »Anschlag« anlegt und sich mit aufgerissener Schnauze und Zähneblecken zu verteidigen versucht.

Dies alles nennt man auch »optische Kommunikation«. Dazu zählt übrigens auch die »Schwanzsprache«.

An der Stellung des Schwanzes kann man sofort erkennen, in welcher Verfassung bzw. Stimmung der Wolf ist. Die wichtigsten Rutensignale sind:

- normale Haltung: locker nach unten hängend mit minimaler Schräglage
- Vertrauen: schräg im 45-Grad-Winkel nach oben gerichtet
- Imponierhaltung: steil schräg nach oben gerichtet mit leicht nach vorn gebogener Spitze
- Drohung mit Selbstvertrauen: fast waagerechte Schwanzhaltung
- Drohung mit Verteidigungsbereitschaft: senkrecht nach unten
- Drohung mit Unsicherheit: schräg nach unten hängend mit nach oben gebogener Spitze
- Entmutigung: senkrecht nach unten hängend mit leicht nach hinten gekippter Spitze
- aktive Unterwerfung: nach unten hängend, über die gesamte Länge nach hinten gebogen
- totale Unterwerfung: extrem nach nach vorn gekrümmt, bis an die Bauchunterseite.

Bei der Stellung des Schwanzes sind überdies auch die größten Unterschiede zwischen Wölfen und Hunden zu sehen. Wölfe tragen ihren Schwanz meist waagerecht

Die »totale Unterwerfung« verdeutlicht dieses Bild sehr eindrucksvoll: auf den Rücken werfen, Schwanz einziehen, Kehle präsentieren.

Wie man hier sehr schön sehen kann, wird in einem Rudel der »Rudelboss« oft recht heftig umschwärmt. Jedes Mitglied sucht seine Gunst bei ihm.

oder etwas gesenkt, Hunde hingegen oft nach oben gestellt, eingerollt oder wedelnd. Auch die Violdrüse, die die Wölfe an der Oberseite des Schwanzes haben, um durch Absonderung eines speziellen Duftes Artgenossen Informationen zu Rangstellung etc. mitzuteilen, fehlt bei vielen Hunden.

Die Köperhaltung zeigt, wer »König« ist

Neben Kopf und Schwanz kommt bei der Körpersprache natürlich auch der ganze Körper des Wolfs körpersprachlich zum Einsatz. Und das nicht nur bei den meist hyperaktiven Welpen, von denen wir später noch hören werden, sondern auch bei den Alttieren. Besonders beim Ausloten der Rangordnung kann man das gut beobachten. Freilich werden die meisten Auseinandersetzungen in »respektvoller Weise« ausgetragen. Das heißt, dass die beiden beteiligten Tiere auch Angst vor ihrem Gegner haben bzw. die nötige Achtung voreinander, wie wir heute sagen würden, damit ein Kampf weitestgehend vermieden werden kann.

Sollte es dennoch zu einer Auseinandersetzung kommen, wartet der Angreifer zunächst die Reaktion des Gegners ab. Stellt der sich dem Kampf und beißt zurück, reagiert der Angreifer ebenfalls zunächst mit Zurückspringen, bevor es dann richtig »zur Sache« geht.

Mit dem sogenannten Halsdarbieten kann eine bedrohliche Situation am besten entschärft werden. Der Biologe Dr. Erik Zimen hat dazu viele Verhaltensstudien mit seinem Wolfsrudel aus dem Forschungsgehege des Nationalparks Bayerischer Wald betrieben.

»Wohl in keiner Situation wird das fein abgestimmte Verhältnis zwischen Angriffstendenz und Angst beim Angreifer und zwischen Angst und Verteidigungsbereitschaft beim Verteidiger so deutlich demonstriert wie beim Halsdarbieten. Die Angst bei beiden verhindert, dass beim einen die Angriffs-, beim anderen die Verteidigungstendenz überhandnimmt. Beides würde sofort wieder zu einer Intensivierung der Auseinandersetzung mit Beißen und zu womöglich ernsthaften Verletzungen führen«, schreibt er dazu in seinem 1990 erschienenen Buch »Der Wolf«.

Bis heute, zwanzig Jahre später, kann man hervorragende Verhaltensstudien an diesem Ort machen. Natürlich sind es inzwischen längst andere Wölfe und auch keine direkten Nachfahren der damaligen, da Zimens neunköpfiges Wolfsrudel eines schönen Wintertags aus dem Forschungsgehege ausbrach und alle Wölfe – das letzte dieser Tiere nach zwei Jahren – erschossen wurden.

Auch meine eigenen Studien, die ich seit dem Sommer 2008 betreibe, resultieren (neben den Freilandbeobachtungen, auf die ich nachfolgend noch eingehe) zu einem großen Teil aus dem Freigehege des Nationalparks Bayerischer Wald, wie es heute heißt. Allerdings finden sich einige Verhaltensweisen eben nur in einem Gehege, z. B. das leidige Thema »Omegawolf« (der rangniedrigste Wolf), der mit dem eingekniffenen Schwanz. Diese Form der Rangordnung kann es in freier Wildbahn nicht geben, da dem Rudel angehörende männliche Jungtiere, wenn ihre Zeit gekommen ist, regelmäßig abwandern.

So schade es ist: Keine Freilandforschung, auch wenn es zurzeit sechs Wolfsrudel in Deutschland gibt, lässt ähnlich genaue Beobachtungen zu wie die Bedingungen eines Geheges. Und das ist im Bayerischen Wald sehr geräumig, strukturreich und äußerst naturbelassen – für mich das beste, das es in Deutschland gibt.

Oh! Was gibt es denn da Spannendes zu sehen?

Bisse als Erziehungsmaßnahme

Zu den interessantesten Verhaltensweisen des Wolfs gehört ohne Zweifel das sogenannte Über-die-Schnauze-Beißen. Man kann dies sowohl bei Alt- als auch bei Jungwölfen beobachten. Bei den Altwölfen dienen diese erzieherischen Maßnahmen meist der Klarstellung der Rangfolge innerhalb des Rudels. Das heißt, der übergeordnete Wolf zeigt dem untergeordneten stets, wer »Chef« ist. Jedoch kommt es dabei niemals zu ernsten Verletzungen, wenngleich manche Schnauzen bis(s)weilen etliche Spuren dieser Erziehungsmethode tragen. Oft hat man aber auch den Eindruck, dass es den Wölfen ein permanentes Bedürfnis ist, über diese Art der »optischen Kommunikation« ihren Zusammenhalt im Rudel zum Ausdruck zu bringen.

Bei Jungwölfen dient dieses Verhalten ausschließlich der Erziehung. Die Alttiere machen den heranwachsenden Welpen unmissverständlich klar, wann sie sich in ihrem übermütigen Tatendrang zurücknehmen müssen.

Zu den wichtigen Verhaltensweisen bzw. Sprachformen der Wölfe zählt die sogenannte taktile Kommunikation. Sie hat im Wolfsrudel eine ganz besondere Bedeutung, denn sie festigt die sozialen Bindungen der Rudelmitglieder untereinander. Bedeutsam sind vor allem die »Schnauze-zu-Schnauze«-

»Hier gibt es Stress, ich hau lieber ab«, scheint sich der Altwolf, links im Bild, zu sagen. Doch »Stress« gibt es hier nur für den Welpen, der von seinem »Erziehungsberechtigten« durch einen Schnauzenbiss zurechtgewiesen wird.

Am Tage heulen Wölfe eher selten; meist jedoch gegen Ende oder Anfang eines Tages.

und die »Schnauze-zu-Fell«-Kontakte. Sie finden praktisch den ganzen Tag über bei Begegnungen der Wölfe untereinander statt. Es sind Bekundungen von Zuneigung, die sich auch durch zärtliches Lecken oder Stupsen bemerkbar machen.

Wichtig ist weiterhin der enge Körperkontakt: das Kontaktliegen oder die »andere Variante«, heftige körperliche Auseinandersetzungen wie Abdrängen, Aufreiten oder Schubsen.

Wunden, die sich im Gesicht befinden und vom Wolf selbst nicht erreicht werden, werden von nahestehenden Rudelmitgliedern durch Lecken gepflegt. Das ist bei Rüden nach Rangstreitigkeiten untereinander der Fall oder beim Elternpaar, wenn einer der Partner sich in irgendeiner Weise verletzt haben sollte. Es ist das sprichwörtliche »Wundenlecken«, das hier praktiziert wird, und es baut zudem die Rudelbindung weiter aus.

Taktile Informationen werden schon an die Welpen in den ersten Lebenswochen weitergereicht. Ja es beginnt sogar direkt nach der Geburt, wenn die Mutter ihre Jungen trockenleckt. Durch das Lecken am Bauch und im Genitalbereich wird beispielsweise das Ausscheiden der Exkremente angeregt, die mit penibler Sorgfalt aus dem Bau entfernt werden, indem die Mutter sie einfach auffrisst.

Mystische Klänge

Nun aber zur (aus menschlicher Sicht) faszinierendsten Sprache der Wölfe: der akustischen Kommunikation, sprich dem Heulen, Winseln, Knurren, Schreien oder was auch immer die Stimmbänder noch an Tönen oder Klängen hergeben.

Beginnen wir mit der wohl berühmtesten aller Lautäußerungen: dem Heulen. Dies zu hören kann für uns Menschen ein derart ergreifendes Erleben sein, dass man es sein Lebtag nicht mehr vergisst. Das kann ich selbst bezeugen und möchte daher an dieser Stelle mein »Wolfsheulerlebnis« anschaulich und lebhaft schildern.

Der 1. August 2009 sollte für mich ein ganz besonderer Tag, ja einer der schönsten in meinem Leben werden. Denn wer von uns kann schon davon berichten, das »Konzert« eines wilden Wolfsrudels live miterlebt zu haben.

Wir, das sind mein Naturfreund Gerhard Fritsche und ich, liefen an besagtem schönem Sommertag völlig ahnungslos durch eines der Oberlausitzer Waldgebiete. Gerhard, der die Natur genauso gut kennt und genauso sehr liebt wie ich, wollte mir an diesem Tag einige der schönsten »Ecken« in seiner heimatlichen Region zeigen. Er stellte also sein Auto nach kurzer Fahrt ab, und wir liefen los.

Bereits nach wenigen Minuten erreichten wir ein Flachmoor, das schon an sich reizvoll war. Doch dann sagte Gerhard zu mir: »Komm, ich zeige dir noch ein schöneres!« Gesagt, getan. Und wahrlich – es war schöner! Schon als wir beide dort ankamen, trauten wir unseren Augen kaum. Nicht weniger als sieben Seeadler, alte und junge, saßen direkt in den Seerosen und auf den knorrigen Kiefern am Rande des Moores. Nein, so viele dieser majestätischen Vögel hatte selbst ich noch nie zuvor in meinem Leben »auf einem Haufen« gesehen. Ich machte schnell noch ein paar Belegfotos, denn die Zeit eilte; wir wollten ja schließlich pünktlich zum Mittagessen wieder zu Hause sein.

Auf dem Weg zum Auto sagte ich dann zu Gerhard – mehr zum Scherz – den folgenschweren Satz: »Das Erlebnis mit den Adlern war schon sehr schön, aber noch viel schöner wäre es doch, wenn wir noch ein paar Wölfe beobachten könnten.« Dass dieses Wunschdenken schon sieben Minuten später Wirklichkeit werden würde, hätte ich selbst in meinen kühnsten Träumen nicht für möglich gehalten. Doch dann geschah es tatsächlich. Gleich einer göttlichen Fügung war es just Punkt 12:00 Uhr, als wir nur noch wenige Schritte vom Auto entfernt waren. Im benachbarten Dorf begann gerade die Sirene zu heulen, die dies übrigens auch immer nur am ersten Samstag im Monat tut.

Nun, wir nahmen dies zwar im Hintergrund wahr, dachten uns aber absolut nichts dabei. Doch dann, das Sirenengeheul war gerade verklungen, ertönten urplötzlich kaum einen Steinwurf von uns entfernt archaisch anmutende Klänge wie aus einer anderen Welt aus den Tiefen des Waldes. Gleich einem gemischten Chor aus dunklen und hellen Stimmen erhobt sich der Mark und Bein erschütternde »Gesang« eines wilden fünfköpfigen Wolfsrudels (das Wolfsmonitoring zeigte für diese Region ein Elternpaar und drei Welpen).

Ein mystisches Raunen durchzog den Wald und durchdrang unsere Sinne und Seelen. Wir standen beide fassungslos vor dem Auto und hätten weinen können vor Freude. Ja, wir hatten tatsächlich das »Heulkonzert« eines wilden Lausitzer Wolfsrudels am Originalschauplatz miterleben können, was nur sehr wenigen Menschen wohl je vergönnt ist. Es war für uns beide eine der faszinierendsten Tierbegegnungen, die wir in unseren Leben hatten.

Heulen ist ein »seelisches Grundbedürfnis«

Dem berühmten Wolfsheulen werden verschiedenste Funktionen zugeschrieben, unter anderem, um Kontakt zu anderen, von der Gruppe getrennten Mitgliedern zu halten oder zu suchen. Auch eine mit der Geruchsmarkierung vergleichbare territoriale Funktion gehört dazu, ganz ähnlich wie beim Singen von Vögeln. Auf jeden Fall bedeutet das Heulen einen starken Auslöser für jeden anderen Wolf, auch zu heulen.

Seltsamerweise entsteht allerdings nicht immer aus einem einzelnen »Heuler« gleich ein

Auch wenn diese Begegnung hier sehr ernst aussieht, so bleibt es bei Rangstreitigkeiten unter Rudelmitgliedern meist bei der aggressiven Gestik.

Das Gebiss in dieser Stellung signalisiert: »Lasst mich in Ruhe!«

Chor. Anders ausgedrückt: Wenn ein Rudelmitglied anfängt zu heulen, stimmen nicht unbedingt immer alle anderen ein. Beim Welzower Wolfsrudel habe ich diesen seltenen Fall einmal selbst erlebt, als vermutlich – aufgrund der tiefen Tonlage – einer der Altwölfe im tiefen Wald versteckt zu heulen begann. Zu meinem Erstaunen stimmte jedoch kein anderer des fünf- bis achtköpfigen Rudels (das Elternpaar und die Jährlinge) mit ein. Und so entschloss sich der Altwolf dann wohl, seinen »Gesang« auch einzustellen. Nach der Devise: Wenn keiner mitheulen will, hör ich eben auch auf. Gleichwohl ist das Heulen eines ranghöheren Tieres immer ansteckender als das eines rangniedrigeren.

Dass das Heulen offensichtlich auch für das »seelische Gleichgewicht« des Wolfes von großer Bedeutung ist, sieht man nicht zuletzt an der hingebungsvollen Art, wie es vorgetragen wird. Halten die Wölfe zu Beginn des Heulens ihren Kopf nur leicht nach oben, steigert sich die Steilheit mit jeder Sekunde, bis schließlich auf dem Höhepunkt ihrer »Heulorgie« nahezu ein 90-Grad-Winkel erreicht ist und der Kopf mit den angelegten Ohren und der weit aufgerissenen Schnauze kerzengerade und steil zum Himmel aufragt. Besonders große Heulaktivitäten sind in der Morgen- und Abenddämmerung zu beobachten. Ich habe schon Wolfsrudel erlebt, die es im Sommer im Zeitraum von nur zwei Stunden – etwa eine Stunde vor und nach Sonnenaufgang – auf stattliche sieben Heulkonzerte gebracht haben. Aber auch diese Intensität ist von Rudel zu Rudel völlig unterschiedlich.

Meist dauert das Konzert nur zwischen ein und zwei Minuten und ist dann ebenso schnell wieder verstummt, wie es angestimmt wurde. Aber ganz gleich, ob es nun kurz oder lang ist, es ist immer wieder ein erhabenes Erlebnis von außerordentlicher Schönheit, Tiefe und Wildheit.

»Klapperndes Gebiss« zur Gefahrenabwehr

Mit dem Heulen ist das Repertoire an Klängen, Tönen oder Geräuschen aber noch lange nicht erschöpft. So gibt es auch verschiedene Geräusche, die nicht mit den Stimmbändern erzeugt werden, z. B. das harte Aufeinanderschlagen von Ober- und Unterkiefer. Durch das Zusammenschlagen der Zähne entsteht ein dumpfer, klackender Laut. Dieser signalisiert kompromisslose Verteidigungsbereitschaft.

Oft ist dieser aber gar nicht mal nötig, da bereits das beginnende Zähnezeigen, das Lefzen, meist schon genügt, um dem Gegenüber die »Meinung« mitzuteilen. So können Konflikte schon vermieden werden, noch bevor sie richtig entstehen. Diese Sprache ist sehr wirkungsvoll, da Wölfe generell unnötige Verletzungen untereinander zu vermeiden versuchen.

Das soziale Leben im Wolfsrudel

Wölfe leben in einem derart hochkomplexen Sozialverband, dass man allein darüber ein Buch verfassen könnte. Nur bei wenigen beutegreifenden und rudelbildenden Großsäugetieren der Erde ist es vergleichbar gut ausgeprägt, etwa bei den Löwen in Afrika – wobei die Familienmitglieder den Wölfen zahlenmäßig allerdings weit überlegen sind. Während bei Löwen schon bis zu 19 Rudelmitglieder gezählt wurden (2005 beim »Voi-Rudel« in Tsavo-Ost, Kenia), waren die beiden größten Wolfsrudel, die es bislang in Deutschland gibt (das Neustädter Rudel 2007 und das Nochtener Rudel) mit jeweils zehn Rudelmitgliedern, davon acht Welpen. Meist besteht ein Wolfsrudel aus vier bis acht Tieren.

Das Wolfsrudel ist also durchaus zu vergleichen mit einer menschlichen Familie. Der Vater als »Familienoberhaupt« ist bei den Wölfen der sogenannte Alpharüde, die Mutter dementsprechend die Alphafähe. Die beiden sind meist auch die Eltern aller anderen Rudelmitglieder, meist Jährlinge, also die überlebenden letztjährigen Jungtiere. Diese wandern in der Regel in einem Zeitraum von etwa ein bis zwei Jahren ab. Dann suchen sie sich ein eigenes Territorium, das ein jedes

Die Begegnungen zwischen den Rudelmitgliedern sehen manchmal recht lustig aus, wie bei diesem Trio, das freudig sein Familienmitglied begrüßt.

Wolfsrudel benötigt. Die Größe desselben kann jedoch ganz unterschiedlich sein. So kann sich ein Rudel, wenn die Nahrungsgrundlage optimal ist, mit einem relativ kleinen Areal begnügen.

Die Größe der Wolfsreviere schwankt in Europa z. T. ganz erheblich. In Deutschland liegt sie zwischen 25.000 und 30.000 Hektar (etwa dem 1000-fachen der »Gehegereviere«!), etwa so wie die Wolfsterritorien im benachbarten Polen. In Skandinavien dagegen können die Wolfsreviere sogar bis zu 200.000 Hektar umfassen – eine gewaltige Größe.

Die Weisheit der Wölfe

Das Wohl und Wehe eines Rudels hängt ganz entscheidend davon ab, wie die Elterntiere ihr Rudel führen und was sie an Erfahrungen und »Weisheit« an die untergeordneten Familienmitglieder weitergeben.

Lehre und Erkenntnis – Begriffe, wie sie eigentlich nur in christlichen Religionen, Kirchen und Gemeinschaften gebraucht und gelebt werden – treffen erstaunlicherweise auch für Wolfsgemeinschaften zu und sind sehr wichtig. Ja sogar überlebenswichtig. Denn nur diejenigen der jüngeren Gemeinschaftsmitglieder, die sich die »Lehre der Altwölfe« auch zu Herzen nehmen und für das spätere Leben anwenden, werden in den Härten des Wolfslebens auch bestehen und überleben können.

Die größte Autorität genießen also stets die ranghöchsten Anführer eines Rudels: die Elterntiere bzw. das Alphapaar. Die anderen Rudelmitglieder müssen sich, je nach dem Grad ihres geistigen und körperlichen Entwicklungsstandes, stets in die Rangordnung des Rudels einfügen.

Wölfe sind wahre Helden!

Das Alphapaar bildet also das unerschütterliche Fundament in dem Rudel. Aber auch wenn einer der Partner auf welche Weise auch immer umkommt, muss das nicht zwangsläufig zugleich auch das Ende des Rudels bedeuten. Wir haben zwar erst seit knapp einem Jahrzehnt wieder Wolfsrudel in Deutschland, aber wir können sogar jetzt schon auf einige dokumentierte Fälle zurückblicken, wo dieser Fall eingetreten ist und ein »Ehepartner« ums Leben kam. Hier zeigt sich das geradezu heldenhafte Verhalten, zu dem Wölfe imstande sind, wenn die Not am größten ist.

Der für mich eindrucksvollste derartige Fall ist und bleibt die phänomenale Mutterfähe des Altengrabower Rudels. Am 8. Juni 2009 hatte sie ihren Partner verloren (aufgrund der rücksichtslosen Straftat eines Wolfstöters, der wohl meinte, ein hochgradig geschütztes Tier ungestraft abknallen zu dürfen).

Das Verheerende war ja, dass dieser Rüde der Hauptenährer der Familie war, die zu dieser Zeit aus fünf Welpen und der Mutterfähe bestand. Ein regelrechter Aufschrei der Empörung ging im letzten Sommer durchs

Im Alter von sieben Monaten unterscheidet sich ein Jungwolf vom Altwolf nur noch durch die geringere Größe.

Zur Erziehung eines Welpen gehört das Hochziehen der Lefzen. Es signalisiert »Pass auf!« und gehört zu der mithin am häufigsten angewandten »Sprache«.

deutsche Wolfsland, als dieser schreckliche Frevel an die Öffentlichkeit gelangte (ich berichtete). Doch was kaum jemand für möglich hielt und was bis heute als *das* Wolfswunder der Nachwendezeit gilt, war die Tatsache, dass die Wolfsmutter ganz allein ihre Kinderschar großzog. Dies ringt uns Zweibeinern allerhöchsten Respekt und Bewunderung ab. Und es zeigt, wie besonnen die Familienoberhäupter eines Wolfsrudels handeln, wenn die Lage ernst wird.

Inzwischen sind aus den Welpen stattliche Jungwölfe geworden. Ein besonders schönes Exemplar »tappte« im letzten Winter (im Dezember 2009) bei seiner nächtlichen Pirsch sogar in eine Fotofalle. Und was noch erstaunlicher ist, es entstand sogar ein für Fotofallenverhältnisse bemerkenswert gutes Bild.

Dieses Bild zeigt zudem, dass auch der herangewachsene Nachwuchs stets noch eine gewisse Zeit in der Wolfsfamilie verbleibt. Meist sind es bis zu zwei Jahre – so lange, bis die Jungtiere geschlechtsreif sind. Erst dann »reift« in ihnen auch die Erkenntnis und der Wille, ein eigenes Rudel zu gründen.

Im Welzower Rudel, wo ich als Fotograf das Monitoring unterstützen darf, konnte ich das mit eigenen Augen verfolgen. Noch Anfang April 2010 konnte ich mehrere Welpen vom Vorjahr beobachten, wie sie allein oder zu zweit am Abend auf die Pirsch gingen. Sie waren schon so groß, dass sie kaum mehr von den Altwölfen zu unterscheiden waren. Daher erscheint es dem Laien so, als würde dort ein riesiges Rudel erwachsener Wölfe durch die Gegend ziehen. Aber es sind lediglich die Jungen vom Vorjahr.

Extreme Unterschiede bei »wilden« und »halbwilden« Rudeln

Nachdem wir schon einiges über die Rangordnung und das soziale Gefüge in frei lebenden Wolfsrudeln erfahren haben, ist es an der Zeit, einige Aspekte zu den z. T. gravierenden Unterschieden anzusprechen, die zwischen den Rudeln in freier Wildbahn und denen in Gehegen bestehen.

Ich spreche immer gern von »wilden« und »halbwilden« Wölfen bzw. Rudeln, da selbst mit der Flasche aufgezogene Wolfswelpen niemals die Eigenschaften eines Hundes vorweisen werden. Eine gewisse Restwildheit

Wölfe sind, obwohl sie Rudeltiere sind, einen Großteil ihres Lebens allein, z. B. wenn sie ihren Durst löschen.

bleibt dem Wolf immer erhalten, egal wie intensiv die Beziehung vom Pfleger war. Zahme Wölfe, die auf Befehl des Herrchens »bei Fuß« gehen oder gar »Platz« machen, wird es also nie geben.

Die Leiden der »zwangsgezähmten« Tiere

Daher ist es meiner Meinung nach ein schlimmes Unrecht und gehört lange verboten, wenn man von der Art her wilde Tiere, wie z. B. auch Tiger oder Löwen, zu Zirkusnummern wie »Männchen machen« etc. nötigt. Wer will das sehen? Wozu brauchen wir das? Aber solange es Leute gibt, die zu solchen Tierquälereien, die unser Staat nach wie vor straffrei duldet, auch noch Beifall klatschen, wird das Leid der Tiere weitergehen.

Rainer Maria Rilke (1875–1926) hat die verheerenden Zustände, die damals in Tierparks an der Tagesordnung waren, in dem berühmten Gedicht »Der Panther« grandios zusammengefasst: »Ihm ist, als ob es tausend Stäbe gäbe / und hinter tausend Stäben keine Welt«.

Unter dem Titel »Und hinter tausend Stäben keine Welt« hat der Autor Stefan Austermühle 1996 ein Buch veröffentlicht, das auf 370 Seiten die schlimmen Zustände schildert, die z. T. noch heute in einigen Zoos herrschen.

Auch unsere Wölfe bleiben von diesem problematischen Thema natürlich nicht verschont, wenngleich ich sagen muss, dass wohl der Wolf vergleichsweise mithin am besten wegkommt von allen beutegreifenden Großsäugern (der Begriff »Raubtiere« ist nach meinem Dafürhalten absolut überholt und müsste längst geändert werden, da Wolf & Co. nicht »rauben«, sondern Nahrung suchen, fangen und essen). Die Gehege sind z. T. recht naturbelassen und auch verhältnismäßig geräumig. Natürlich gab und gibt es bis heute auch schlechte Gehege, wo eine artgerechte Haltung kaum möglich ist. Aber die Hauptproblematik ist und bleibt, dass man, wenn man den Besuchern »wilde« Tiere aus der Nähe präsentieren will, selbige wohl oder übel irgendwo »einsperren« muss.

König, Ritter und Knecht

Um das »Gefüge« der Rangordnung im Rudel zu veranschaulichen, möchte ich wieder einmal die Bildsprache bemühen. Man kann ein Wolfsrudel im Gehege durchaus mit dem Hofstaat eines Königshauses vergleichen. Ganz oben, auf dem »Thron«, regiert das Königspaar, umgeben von ihren Kindern und mehr oder weniger zahlreichen »Vasallen« – den »Helfern und Beratern«, also den Junggesellen aus dem vorhergehenden Wurf.

Diese Parallelen bzw. menschlichen Züge sind tatsächlich verblüffend, wenn man sieht, wie die »Untergebenen« stets um die Gunst ihres »Herrschers« buhlen. Ja, ganze »Wolfstrauben« bildeten sich manchmal um den »Fürsten im Graupelz«. Er wird beleckt, beschmust, zärtlich bestupst, man kommt ihm reumütig entgegen, unterwirft sich demütig, zeigt ihm ergebene Treue und bekommt sogar »Begleitschutz«. Und der Knecht, wenn er nicht gehorcht, bezieht Prügel – irgendwoher kennen wir das doch ...

Es gibt keine »wilden Omegawölfe«

Auf Letztgenannten, den auch schon oben erwähnten Omegawolf, möchte hier nur ganz kurz eingehen, denn er stellt das größte Problem dar, das es bei Wolfsrudeln in Gehegen gibt. Und ich muss es auch deswegen ansprechen, weil vielleicht noch dem einen oder anderen Leser die Zusammenhänge dieser Problematik noch nicht bekannt sind. Es ist eigentlich schnell beschrieben: »Omegawölfe« gibt es ausschließlich in Gehegen. Ein Omegawolf ist das Tier, das in einem Rudel den untersten Rang einnimmt. Das kann sogar ein Wolf sein, der einmal zuvor ein großer Rudelführer war – der Alpharüde. Zwischen diesen beiden Rängen in der Rudelordnung liegen noch die Betawölfe.

Omegawölfe, das ist seit Langem bekannt, sind ein großes Problem in den Gehegen. Sie werden – besonders in größeren Rudeln – praktisch tagtäglich »schikaniert« und von den ranghöheren Tieren durchs Gehege gehetzt. Tiefe Fleischwunden am Rücken zeugen stets von diesen Attacken.

In freier Wildbahn kann und wird es solche Zustände niemals geben, weil die Wölfe stets abwandern. Gewiss konnte ein Konkurrenzkampf um den Partner bzw. die Partnerin zum Zwecke der Fortpflanzung auch schon in freier Wildbahn beobachtet werden (im Normalfall jedoch bleibt das Elternpaar so lange treu zusammen, bis der – natürliche oder unnatürliche, d. h. gewaltsame, durch Menschen verursachte – Tod sie scheidet).

Doch nun wollen wir uns wieder ganz den wilden Artgenossen widmen.

So deutlich sieht man selbst bei einem Omegawolf den »eingeklemmten« Schwanz nicht so oft.

Welpenzeit voller Abenteuer

»Hellsichtigkeit« regelt die Wurfgröße

Im Normalfall erblickt das Wolfskind nach etwa 62 Tagen (meist im April oder Mai) im Dunkel der elterlichen Höhle das Licht der Welt. Meist werden es insgesamt zwischen zwei und sieben kleine Abenteurer, die gemeinsam aufwachsen. Die frühen »Wolfsforscher« hatten darüber allerdings noch gänzlich andere Ansichten:

» ... die Wölffin werffe das erste mahl nur eines, zum andern zwey, zum dritten drey, also weiter fort je länger je mehr, nach der Zahl der Jahren, biß auf zehen Jahr, dann werde sie unfruchtbar.«

So beschrieb der Schweizer Naturforscher und Universalgelehrte Conrad Gesner (1516 bis 1565) noch allen Ernstes in seinem 1669 erschienenen Werk »Allgemeines Thier-Buch« die »biologischen Fakten« zum Thema Wurfgröße. Fantasie und Wirklichkeit, Dichtung und Wahrheit schienen zu dieser Zeit und noch Jahrhunderte später miteinander zu verschmelzen. Doch bleiben wir bei den Fakten. Denn die sind allein schon faszinierend genug.

Die Wolfsmutter kann nämlich allein anhand der Nahrungssituation bereits vor der Geburt die Anzahl der Welpen steuern. Das ist bis heute eines der großen Rätsel der Natur. (Dieses nach wie vor unergründete Phänomen finden wir in ähnlicher Art und Weise übrigens auch z. B. bei Weißstörchen, die offensichtlich bereits nach ihrer Ankunft im April wissen, ob ein mäusereicher Sommer bevorsteht oder nicht.) Das fast noch Unbegreiflichere passiert aber dann im Körper der Wölfin, wo die Anzahl des Nachwuchses dementsprechend »programmiert« wird.

Aus der Anzahl der Welpen bei den Wölfen lassen sich also recht genaue Rückschlüsse ziehen, wie gut oder schlecht die Beutesituation im entsprechenden Revier ist. Und in fast allen ostdeutschen Wolfsrevieren ist sie, nach allem was wir bislang wissen, gut bis hervorragend.

Dennoch bekommen leider nicht alle Wolfspaare Nachwuchs. Einen solchen Fall haben wir ganz aktuell in der Zschornoer Heide (Brandenburg), wo die Experten nun vermuten, dass ein unfruchtbarer Partner für die seit Jahren anhaltende Welpenlosigkeit verantwortlich ist.

Normalerweise jedoch beginnt es Ende April oder Anfang Mai in der Wolfshöhle zu »wuseln«. Sofort nach der Geburt fangen die trockengeleckten Jungen an zu säugen und stellen dies erst etwa in der achten Lebenswoche ein.

Sieben auf einen Streich – auch wenn sich hier offensichtlich nur sechs Welpen an der »Milchbar« der Mutter laben können, so reicht ihre Milch für bis zu acht Junge.

Die Wolfshöhle – ein »heimlicher« Ort

Die Wolfshöhle ist zu dieser Zeit ein, wie es in der Fachsprache heißt: heimlicher, das

Ein neun Wochen alter Wolfswelpe kommt am Abend aus seiner Höhle hervor.

Zwei sieben Wochen alte Wolfswelpen beim unbekümmerten Spielen. Doch manchmal erreichen Welpen, aufgrund unzähliger »Todesarten«, nicht einmal dieses Alter.

heißt von der Außenwelt völlig abgeschiedener Ort, da außer der Mutterfähe und den Wolfskindern niemand Zutritt zur Höhle hat. Dennoch weiß man, dass sich in den ersten zehn Lebenstagen die Regungen der Welpen auf Winseln, Herumrobben und Trinken beschränken.

Mit jedem Tag werden sie dann etwas beweglicher und reagieren schon auf verschiedene Reize wie laute Geräusche oder Licht.

Ein 14 Tage alter Welpe wird von seiner Mutter im Maul umhergetragen. Dies geschieht meist dann, wenn die Mutterfähe es für notwendig hält, den Bau zu wechseln.

Dennoch sind sie noch immer völlig hilflos. Ein Zusammenhalt der Welpen wird jetzt schon geprägt, indem sich die Geschwister untereinander wärmen, wenn die Mutter mal kurz die Höhle verlässt.

Etwa nach drei Wochen – die Welpen können jetzt bereits sehen und hören – verlassen die

Dieser junge Welpe erkundet neugierig seine Umwelt.

Jungen das erste Mal den Bau. Auf dem Tagesprogramm steht natürlich das Spielen ganz oben an. Auch können die Kleinen nun ausgiebig die anderen Rudelmitglieder in Augenschein nehmen. In dieser Phase beginnt die Integration in das Rudel, wo sich übrigens alle Rudelmitglieder an der Aufzucht (insbesondere der Nahrungsbeschaffung) beteiligen und nicht nur die beiden Elterntiere, wie man vielleicht landläufig annimmt.

Die Wolfsmutter zeigt in dieser Zeit wahre Härte. Sie ist praktisch rund um die Uhr für ihre Kleinen da und wird von den übrigen Rudelmitgliedern versorgt, vornehmlich aber von ihrem Partner, dem »Kindesvater«. Peinlich genau sorgt die Fähe in dieser Zeit auch für die Sauberkeit im Bau. Die Exkremente, die die Babys insbesondere durch das Lecken der Mutter am Bauch durch eine Art »Ausscheidungsreflex« absondern, werden stets sofort aufgefressen.

Die Metamorphose der »Kuscheltiere«

Der enorme Entwicklungssprung der Wölfe, der sich jetzt vollzieht, macht aus den winzigen und unbeholfenen »Kuscheltieren« plötzlich richtige »Wölfe im Kleinformat«. Das Wachstum explodiert förmlich. Die Beine werden länger und kräftiger, die Ohren richten sich auf, und kleine Milchzähnchen wachsen. Die sind notwendig für die erste feste Nahrung, die nach und nach auf dem Speiseplan steht und von Woche zu Woche immer größer wird.

Sobald die Kleinen mit etwa drei Wochen das erste Mal den Bau verlassen, werden auch die Verhaltensweisen immer »wölfischer«: Sie raufen und beißen sich, spielen und necken, ebenso, wie es auch die Alten tun. Natürlich machen diese es mit viel mehr »Power« und Koordination. Das können die Kleinen noch nicht wissen, aber dafür lernen sie es ja nun.

Auch wenn die Welpen die Umgebung des Baus vorwiegend zu Fuß erkunden, kommt es bisweilen vor, dass sie von ihrer Mutter im Maul umhergetragen werden, wenn diese meint, ihren Kinder könnte Gefahr drohen. Ganz ähnlich so, wie wir das von unseren Katzenmüttern kennen. Die Jungen fallen dann in eine Tragstarre und lernen die Gegend aus der »Erwachsenenperspektive« kennen.

Richtig »Bambule« ist dann etwa ab der siebten Lebenswoche. Die Jungen können nun schon längere Strecken laufen und die Gegend ein wenig erkunden. Auch knabbern sie schon mal selbst an der Beute herum.

Um Futter bettelnd verfolgen hier zwei Welpen ihre Mutter. Wolfswelpen verlieren im Zeitraum zwischen dem 5. und 7. Lebensmonat ihr Milchgebiss und die Zähne des Dauergebisses »schieben sich durch«.

Zwei halbwüchsige Jungwölfe beim »Kabbeln«. Der Spieldrang ist bei jungen Wölfen scheinbar unermesslich groß.

Jetzt werden auch die Spielchen rauer, und man testet bisweilen aus, wer »Chef« im Wolfskindergarten ist bzw. werden will. 80 Prozent der Verhaltensweisen der Altwölfe hat der Nachwuchs nun bereits erlernt.

Altwölfe im »Kleinformat«

Richtig »cool«, wie wir heute sagen würden, sind die Jungwölfe dann ab einem Alter von etwa drei Monaten. Nun sind sie schon richtige »kleine Abbilder« ihrer großen Artgenossen.

Ich wurde im Sommer 2009 einmal Zeuge einer spektakulären Beobachtung, bei der sich drei etwa zwölf Wochen alte Jungwölfe über ihre Beute – ein ausgewachsenes Reh – hermachten. Obwohl die Alttiere in der Nähe waren, überließen sie dem Nachwuchs anstandslos den Vorrang. Aber ich staunte nicht schlecht, dass bereits in diesem Alter der Futterneid so ausgeprägt entwickelt war, dass sich die kleinen Racker regelrechte Kämpfe ums Futter lieferten. Knurrend und zähnefletschend, die Schnauze tief in Falten gelegt, standen sie sich gegenüber, wie zwei Ritter kurz vor ihrem Gefecht. Doch es blieb nur bei den Gesten, so, wie es die Alten auch

»Ich habe Hunger wie ein Wolf!«, scheint der kleine, sieben Wochen alte Welpe auf diesem anrührend schönen Bild hier seiner Mutter zu sagen.

getan hätten. Man schloss wieder Frieden und setzte den Festschmaus fort.

Etwa ab einem Alter von sechs Monaten kann man die Jungwölfe von den alten kaum noch unterscheiden. Das unterstreicht die »turbomäßige« Entwicklung, die die Wölfe im ersten Lebensjahr nehmen.

Zwischen etwa dem elften und 22. Lebensmonat heißt es für die Jungwölfe dann Abschiednehmen. Es gilt, ein eigenes Revier zu suchen und ein neues Rudel zu gründen. Doch keine Regel ohne die berühmte Ausnahme. »Die Jungwölfe bleiben zum Teil bis zu zwei Jahre im elterlichen Rudel, einzelne Wölfe bleiben manchmal sogar für immer«, erzählte mir der Biologe und Wolfsexperte Steffen Butzeck, der seine Diplomarbeit zum Thema Wölfe verfasste und heute als Wolfsbeauftragter für Südbrandenburg tätig ist.

Manchen Jungwölfen scheint es eben im sicheren Familienverband des Rudels gut zu gefallen. Diese Tendenz zeigt sich beispielsweise auch bei dem 2009er-Nachwuchs des Welzower Rudels. Noch Anfang April 2010 konnte ich drei der sechs Jungwölfe beobachten, wie sie am Abend auf Beutezug gingen. Einer allein und sogar eine Zweiergruppe. Schnuffelnd pflügten sie mit ihrer Schnauze durch die Frühlingswiese, offensichtlich auf der Suche nach Kleintieren oder ersten saftigen Pflanzen.

Ich war vor Freude gerührt, denn es ist für mich immer wieder faszinierend, in meiner eigenen Heimat wilde, frei lebende Wölfe beobachten (und fotografieren) zu können, wovon man vor einigen Jahren ja nicht mal geträumt hätte. Doch nun sind sie gottlob wieder da. Und bleiben hoffentlich auch ...

Mit 13 Lebenswochen gehen die Spiele dann schon mal in solch wilde »Hetzjagden« über.

Der Wolf im Ökosystem der Natur

Dass der Wolf ein Fleischfresser ist, weiß – spätestens seit »Rotkäppchen« – jedes Kind. Dass Wölfe auch Pflanzen und Früchte fressen, dürfte weniger bekannt sein. Und es passt ja auch so gar nicht in das klischeeüberflutete Bild des Wolfes. Aber dennoch ist es eine Tatsache, dass der Fleischanteil seiner Nahrung »nur« etwa 90 Prozent beträgt. Dies macht den Wolf nun freilich nicht gleich zu einem Vegetarier, aber es zeigt, wie ausgewogen seine Nahrung ist.

An solch stattliche Beute wie diese Bache wagen sich Wölfe kaum heran. Ihr Nachwuchs dagegen ist für jeden Wolf ein »leckerer Happen«.

Der Hauptanteil der Wolfsnahrung bzw. -beute besteht aus den hierzulande lebenden Paarhufern und einem sehr geringen Anteil von Niederwild und Kleinsäugern. Dabei machen Rehe mit 46 Prozent den Löwenanteil aus, gefolgt von Rothirschen (25 Prozent), Wildschweinen (24 Prozent), Mufflons (3 Prozent) und Feldhasen (2 Prozent). Bei den Untersuchungen der Lausitzer Wolfslosungen konnte man neben Mäusen sehr vereinzelt auch Vögel und Fische nachweisen. Das erstaunt uns zutiefst und ringt uns erneut Bewunderung ab, was für ein großartiger und geschickter Jäger der Wolf ist.
Das Töten der Beute erfolgt, natürlich entsprechend ihrer Mächtigkeit, meist nach einem immer gleichen Schema. Größere Tiere wie Rehe und Rothirsche beispielsweise werden von der Seite angegriffen, zu Fall gebracht und dann meist durch einen Kehl- oder Nackenbiss getötet

Mediale Rufmordkampagnen aus neuer und alter Zeit

Dass auch ein geringer Anteil – allerdings nur vordergründig – »unproblematische« Beute wie Schafe dabei ist, soll hier nicht verschwiegen werden. Aber die Fakten sprechen eindeutig für sich, denn mit nicht einmal 1 Prozent kann man das Thema »Schafbeute« gewiss vernachlässigen. Die Boulevardpresse sieht das freilich anders und wartet scheinbar gierig auf jede sich bietende Gelegenheit, in diffamierender und falscher Darstellung über die »Raubzüge« des Wolfe zu berichten.
Dies trägt natürlich nicht dazu bei, den Wolf besser zu verstehen und ihn in unser Denken und Handeln zu integrieren und ihn zu respektieren und zu achten, sondern schürt bei unreflektierten Lesern Ärger, Wut und Hass. Auch der nachfolgende kurze Auszug zum »Jagdverhalten des Wolfes« aus Franz von Kobells (1803–1882) im Jahr 1859 erschienenen Jagerzählungen »Wildanger« unterstreicht dies sehr eindrucksvoll:
»Ein Wolf frißt ein ganzes Schaf auf eine Mahlzeit, auch zwei, wenn er hungrig ist ...«
Ein hungriger Wolf, der »auf eine Mahlzeit« gleich zwei ganze Schafe frisst?

Stolz trägt ein Wolf hier eine Wildschweinkeule durch sein Revier. Das Ausrotten der Wölfe hatte mithin auch die bis heute bestehende Wildschweinplage zur Folge, was die Wölfe nun wieder »korrigieren« können.

Buchstäblich bis zum »Anschlag« steckt hier ein Wolf in seiner Hirschbeute.

Welch absurde Behauptung wurde hier wieder in die Welt gesetzt, um den Wolf übel zu diffamieren. Jedes Kind weiß, dass dies niemals möglich sein kann, selbst dann nicht, wenn er wochenlang nichts gefressen hätte. Außerdem ist er mit lediglich 3–4 kg Nahrung pro Tag zufrieden. Zwischenzeitlich auch mit deutlich weniger. Aber ich wiederhole es gern noch einmal: der Beuteanteil, den Schafe ausmachen, liegt bei unter 1 Prozent! Die oben erwähnten Huftiere sind und bleiben seine Hauptbeute.

Bei der häufigsten Beute, dem Reh, findet man bisweilen die Abdrücke des Wolfsgebisses noch im Schädelknochen.

Vier- und zweibeinige Jäger im gleichen Revier

Diese Huftiere muss sich der Wolf allerdings in seinem etwa 240–330 km^2 großen Revier freilich mit bis zu zweihundert »zweibeinigen« Jägern teilen. Diese Zahl macht deutlich, wie viele Jäger hier im dicht besiedelten Deutschland den Wölfen Konkurrenz machen. Ich sage das ganz bewusst: Die Jäger machen den Wölfen Konkurrenz und nicht umgekehrt, wie einige Jäger nicht müde werden zu behaupten. Außerdem ist die Beute, die der Wolf reißt, für einen Jäger meist völlig unattraktiv. So war ein Lausitzer Jäger, der vor einigen Jahren Rehrisse gemeldet hatte, sehr darüber erstaunt, dass auch viele wirklich alte Rehe darunter waren. Dies beweist erneut, dass das Jagdverhalten des Wolfs, meist alte, schwache und kranke Tiere zu jagen, nicht in die Rubrik »Grimms Märchen« gehört.

Daher gibt es auch »keinen Grund, den Wolf zu verfolgen, denn es ist genug Wild für Jäger und Wölfe da«, klärte Dr. Reinhard Möckel, selbst Jäger und Wolfsbeauftragter für Brandenburg, in einem seiner Vorträge im Jahr 2009 jene Jäger auf, die das bisher anders gesehen hatten.

Wölfe sind wichtig für das Ökosystem

Die landläufige Behauptung einiger Jäger, das dort, wo Wölfe leben, das Wild in ständiger Aufruhr und Unruhe sei, entspricht also erwiesenermaßen schlichtweg nicht der Wahrheit. Vielmehr ist das genaue Gegenteil der Fall. Das belegen nicht nur meine eigenen langjährigen Beobachtungen, sondern auch die diversen wissenschaftlichen Forschungsergebnisse.

Eines meiner Erlebnisse möchte ich hier kurz berichten:

Als ich im Frühjahr 2010 einmal für mehrere Tage hintereinander intensiv das Revier das Welzower Wolfsrudels beobachtete, kam ich aus dem Staunen gar nicht mehr heraus. Alles, was an Wildtieren in einem gesunden und intakten Ökosystem leben sollte, hielt sich dort auf, ohne auch nur das geringste Anzeichen irgendwelcher Unruhe zu zeigen. Beispielsweise trottete ein Wildschweinrudel aus drei Alttieren und sechs Frischlingen an nur einem Tag durch das gesamte Wolfs-

revier, ebenso mehrere Rehe und Feldhasen. Und das Erstaunlichste: Sie liefen sogar direkt über die Plätze bzw. ästen dort, wo sich auch die Wölfe oft aufhielten.

Dass sich das Wild »aus Angst vor den Wölfen in großen Verbänden zusammenrottet« oder gar »in wilder Panik davonstürzt«, wie es in Jägerkreises bisweilen proklamiert wird, ist und bleibt also buchstäblich Jägerlatein.

Todesmutige Wolfsbeute«

Tatsächlich ist zum Teil das genaue Gegenteil der Fall: Ein Wolf kann nämlich durchaus auch von seiner eigenen Beute in die Flucht geschlagen oder sogar getötet werden. So erging es vermutlich einer 15 Monate alten Wölfin aus dem Neustädter Rudel im August 2007, die wahrscheinlich von einem Wildschein getötet wurde (ich berichtete). Das deckt sich mit dem, was mir Revierförster Karl Heinz Kammel zu diesem Thema erzählte: »Es ist schon beobachtet worden, dass sich eine Bache sogar dem Wolf entgegengestellt hat. Denn Bachen sind sehr wehrhafte Tiere«.

Das Jäger-Beute-Schema scheint sich also manchmal umzukehren – obwohl Wölfe sehr kluge Tiere sind, die niemals bewusst eine Konfrontation riskieren würden, die zu einer Verletzung oder gar dem eigenen Tod führen könnte.

Kommen wir zum Schluss noch zu der Kardinalfrage: ob auch der Mensch auf der »Speisekarte« des Wolfs steht. Diese Frage lässt sich ganz kurz und knapp mit einem einzigen Wort beantworten: nein!

Es gibt in der gesamten Menschheitsgeschichte keinen einzigen Beleg dafür, dass ein gesunder Wolf einen gesunden Menschen angefallen und getötet hätte.

Wie man auf diesen beeindruckenden Bildern sehen kann, ist ein Altwolf imstande, ohne jegliche Mühe seine stattliche Beute – ein ausgewachsenes Reh, das immerhin bis zu 30 kg wiegen kann – durch die Gegend zu schleppen.

Verbreitung und Schutz der Wölfe

Die Wolfspopulationen in Europa und Nordamerika

Der Wolf, das einst weltweit am weitesten verbreitete Säugetier, lebt heute nur noch in etwa einem Drittel seines ursprünglichen Verbreitungsgebietes auf der Nordhalbkugel der Erde.

In Europa leben derzeit etwa 18.000 Wölfe. Eine vermeintlich große und doch nur sehr kleine Zahl, bedenkt man, dass noch im 17. Jahrhundert allein der sächsische Kurfürst Johann Georg I. (1585–1656) zwischen 1611 und 1656 den Quellen zufolge 5093 Wölfe getötet hat.

Abertausende folgten in den Jahrzehnten und Jahrhunderten danach. Nirgends in Europa war die Verfolgung des Wolfes so verheerend wie in Deutschland, gefolgt von England, Frankreich und den kleineren angrenzenden Staaten. Ein Blick auf die aktuelle Verbreitungskarte zeigt an den riesigen weißen Flächen (nicht »Flecken«) sehr eindrucksvoll, wie »erfolgreich« die Ausrottungsfeldzüge der letzten Jahrhunderte waren.

Gleich kleinen Inseln, auf die sich die Wölfe retten konnten, sind bis heute einige europäische Populationen erhalten geblieben. Doch sie sind bisweilen absolut isoliert, und ein genetischer Austausch ist nicht möglich. Dies ist der Fall bei den Wolfsregionen in Norwegen, Schweden, Frankreich, Italien, Spanien und Portugal.

Norwegen, Schweden und Finnland: weiterhin »Lizenz zum Töten«

Schlimmes Unrecht geschieht den Wölfen im westlichen Skandinavien. So wurden in **Norwegen**, wo der Wolf seit 1972 unter Schutz steht, von dem extrem geringen Bestand von

Vorhergehende Doppelseite: Ein Wolf kommt auch im Winter in seinem Lebensraum gut zurecht.

Wie schön könnte es sein, wenn alle Menschen – und vor allem auch in allen Ländern – die Wölfe als so schöne Mitgeschöpfe sehen würden, wie sie hier zu sehen sind. Die kriminellen Tötungsaktionen, die in jüngster Zeit in Norwegen und Schweden passierten, sind schwere Verbrechen gegen den europäischen Natur- und Tierschutz.

zwanzig Wölfen noch fünf getötet, darunter drei für das Fortbestehen der Rudel wichtige Tiere: ein Altwolfpaar und eine weitere ausgewachsene Wölfin. Von den ursprünglich ohnehin nur drei Rudeln, die allerstrengsten Schutz hätten genießen müssen, ist lediglich ein Rudel übrig geblieben, das nun von Inzucht geprägt wird, statt sich gesund zu entwickeln.

Wir fragen uns bestürzt: Wie kann die dafür zuständige EU-Kommission tatenlos zusehen, wie ein Staat solchen Frevel an einer so seltenen und geschützten Tierart verübt? Schon der Beschluss des Norwegischen Parlaments vom Mai 2003, wonach Norwegen nur auf einem relativ begrenzten Areal von 250.000 ha lediglich drei Wolfsrudel akzeptiert, ist unverständlich.

Den Wölfen vorzuschreiben, wie weit sie laufen und in welchem Umfang sie sich vermehren dürfen, spottet jeder Beschreibung. Auch wenn jedem vernünftigen Mensch klar ist, dass das niemals funktionieren kann, werden Wölfe, die diese Grenzen überschreiten, getötet. Obwohl der Bestand akut vom Aussterben bedroht ist, wird behauptet, dass der Wolf angeblich eine Schafhaltung im betroffenen Gebiet unmöglich mache. Daher wollten die Norweger nun »ein Zeichen setzen« – das ist ihnen wahrlich gelungen.

Im Nachbarland **Schwede**n wollte man das offensichtlich noch toppen. Einer der brutalsten Tötungsaktionen der Neuzeit, einer regelrechten Wolfshatz, fielen im Winter 2010 nahezu dreißig Wölfe zum Opfer (ich berichtete ausführlich). Bei nur etwa hundert Wölfen (die deutsche Presse berichtete damals fälschlich von »über 200« Wölfen) wurden binnen weniger Tage etwa ein Drittel des Gesamtbestandes vernichtet – und wieder schaute die EU nur tatenlos zu!

Dazu fällt mir wie immer nur der Spruch eines der größten und klügsten deutschen Denker und Wissenschaftler des 20. Jahrhunderts, Albert Einsteins, ein: »Zwei Dinge sind unendlich, das Universum und die menschliche Dummheit ...« Diese Weisheit

Ein auf einem kleinen Hügel ruhender Wolf – welch ein friedliches Bild!

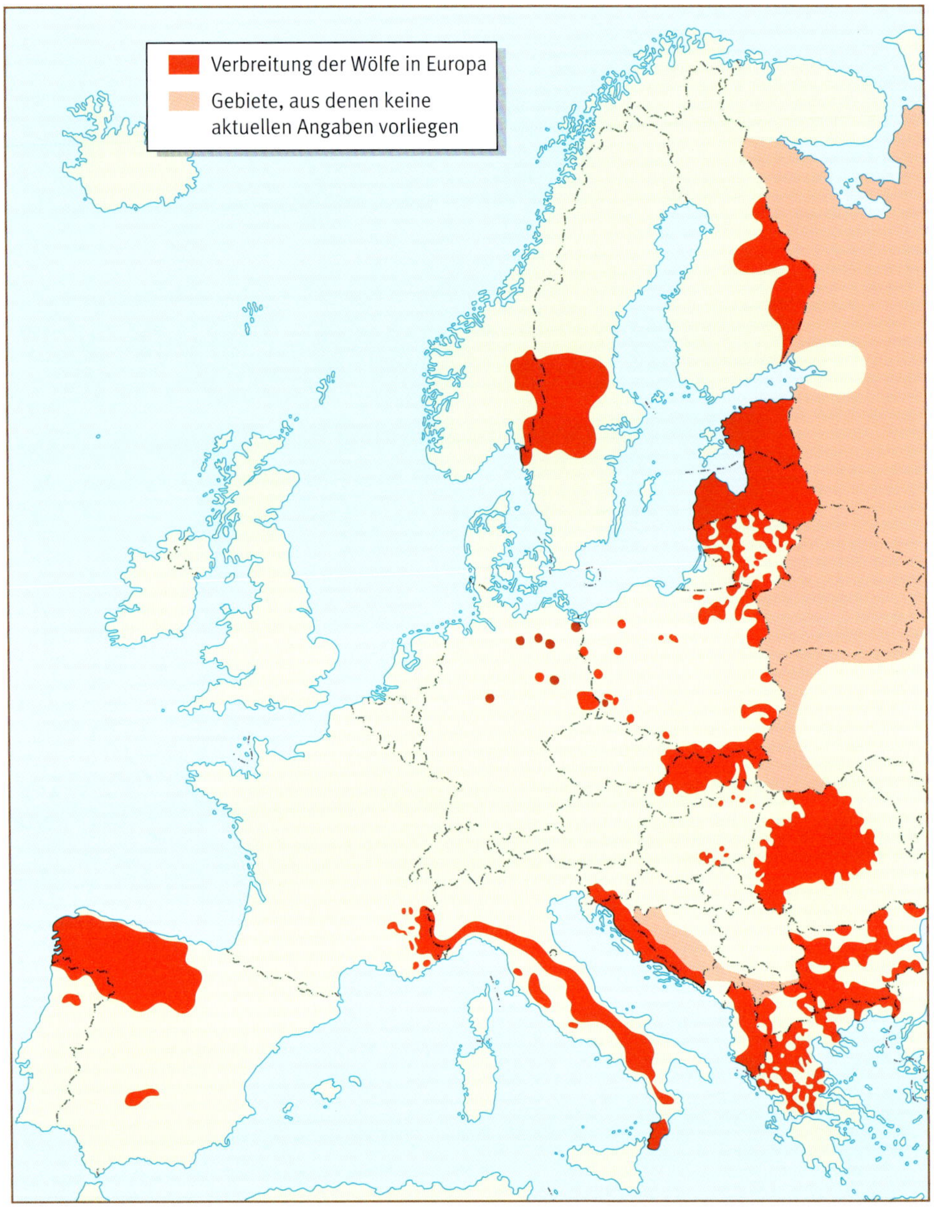

zieht sich ja wie ein roter Faden durch das gesamte Buch.

Zu Letztgenanntem zählt auch die groteske Tatsache, dass in Schweden der Wolf erst unter Schutz gestellt wurde (1966), als er bereits ausgestorben war. Und nun steht der Wolf zwar unter Schutz, aber eben nur auf dem Papier.

Dabei hat die EU tatsächlich schon einmal »ernst gemacht«, wie das Beispiel **Finnland** zeigt. Trotz eines geschätzten Bestandes von etwa 17 Rudeln mit ca. 190 Individuen (Stand 2005) gab man dort in den zehn Jahren zwischen 1995 und 2005 knapp zehn Prozent an Wölfen zum Abschuss frei. Für diese großzügige Vergabe einer »Lizenz zum Wolfstöten« wurde Finnland vor den Europäischen Gerichtshof angeklagt. Aber es ist zu bezweifeln, dass man in Finnland nun »weiser« wird.

Frankreich, Italien, die Schweiz und Österreich: neue Chancen, neue Gefahren

Blicken wir nun auf die Situation in unserem westlichen Nachbarland **Frankreich**. Obwohl auch hier Anfang des 20. Jahrhunderts der letzte Wolf geschossen wurde (1927), konnte sich der Bestand aus eigener Kraft wieder erholen. Seit Anfang der 1990er-Jahre besiedeln – ausgehend von nur einem Wolfspaar – die Graupelze wieder die südöstliche Region des Landes. Nach Schätzungen aus dem Jahr 2005 leben hier wieder etwa 80–100 Tiere, die sich allerdings – wie überall in Europa – einer gewaltigen »Wolfsgegnerlobby« entgegenstellen müssen.

Weitaus positiver sieht es in **Italien** aus, wo gegenwärtig etwa 500 Wölfe in den Abruzzen, im Appenin und in anderen Region leben und auch für frisches Blut in den französischen Wolfsrevieren sorgen. Dennoch fallen auch hier trotz des gottlob strengen Schutzes alljährlich bis zu zwanzig Prozent der seltenen Tiere Wilderern zum Opfer.

In der angrenzenden **Schweiz** ist der Wolf zwar dank Berner Konvention ebenfalls streng geschützt. Doch gibt es, wie an anderen Beispielen vormals erwähnt, »Ausnahmegenehmigungen«. Ein spezielles Regelwerk besagt, dass er getötet werden darf, wenn er innerhalb von vier aufeinanderfolgenden Monaten 35 Nutztiere reißt oder 25 innerhalb eines Monats. Also doch »ganzjährig jagbar ohne Schonzeit«. Die absurden Vorschriften, die dem Wolf vorgeben, wie viel er fressen darf, um der »Todesstrafe« zu entgehen, gehen also weiter. Hier macht man Panik, obwohl bis 2006 nur Einzeltiere eingewandert sind und noch nicht mal ein einziges Rudel existiert.

Wie eine Realsatire aus dem Absurditätenkabinett mutet der Vorfall an, der sich im Januar 1996 bei Niederkappel in **Österreich** zutrug. Hier hatte ein Jäger allen Ernstes behauptet, den von ihm getöteten, 46 kg schweren Wolfsrüden mit einem Rotfuchs verwechselt zu haben – obwohl dieser nicht nur gerade einmal ein Fünftel an Körpergewicht und Größe des Wolfes aufweist, sondern die beiden Arten sicher schon von einem Kind leicht unterschieden werden können.

Bei einem ähnlichen Fall, der sich sechs Jahre später zutrug, hielt der Todesschütze den Wolf für einen streunenden Hund. Auch das muss als Ausrede kläglich durchfallen, denn heute gehört es zum absoluten Grundwissen eines jeden Jägers, einen streunenden Hund von einem Wolf klar unterscheiden zu können.

Österreich wird nur sporadisch von Wölfen besucht, gilt jedoch als »Wolfserwartungsland der Zukunft«. Bleibt zu hoffen, dass die dortigen Jäger künftig Wölfe von Füchsen und Hunden zu unterscheiden wissen.

Tschechien und Slowakei: Wilderer und »Pechwölfe«

In **Tschechien**, wo nach Expertenschätzungen nicht einmal zwanzig Wölfe leben dürf-

Ein 5-köpfiges Wolfsrudel bei der ausführlichen »Lagebesprechung«.

ten, stellt die Wilderei ein schlimmes Problem dar. Auch hier nützt der »strenge Schutz« recht wenig, wenn die Wölfe – und sogar Luchse – illegal abgeschossen werden. Da ist es kein Trost, wenn zehn Prozent der Jäger laut einer Umfrage sogar zugaben, selbst bereits gewildert zu haben.

Dieses Problem haben die Jäger in der **Slowakei** nicht, denn dort dürfen Wölfe außerhalb einer gewissen Schonzeit sogar offiziell wie jedes andere Wild auch, geschossen werden. Für uns ist es nicht nachvollziehbar, ja sogar unfassbar, dass bei einem Gesamtbestand von nicht mal 500 Wölfen seit 1990 jedes Jahr zwischen 54 und 177 Wölfe erschossen wurden. Jedes Jahr! Insofern ist es nur eine Frage von wenigen Jahren, bis die als »teilweise geschützt« eingestufte Art wieder ausgerottet ist. Viele Wölfe verloren ihr Leben nur deswegen, weil sie das Pech hatten, auf der slowakischen Seite gelebt zu haben. Denn auf polnischer Seite sind sie ja glücklicherweise geschützt.

Polen und Rumänien: Wölfe kämpfen sich durch

Doch das war nicht immer so. Noch bis 1973 wurden Wölfe in **Polen** bekämpft und sollten sogar ausgerottet werden. Das Mittelalter war in Polen, was die Einstellung zum Wolf betrifft, also erst zu Beginn der 1970er-Jahre vorbei. Wieder einmal war es »fünf vor zwölf«, als man zu dieser Einsicht kam. Denn zu diesem Zeitpunkt hatten nicht einmal hundert Wölfe überlebt.

Dass sich nach seiner Unterschutzstellung 1995 der Restbestand heute wieder auf geschätzte 500–700 Tiere beziffert, zeigt, welch eine extrem robuste und widerstandsfähige Art der Wolf ist und wie schnell

Ein Wolf nimmt ein erfrischendes Bad. Doch auch dabei muss er auf der Hut sein, denn sicher ist er im Grunde genommen nirgends in Europa.

er seinen kurz vor dem Zusammenbruch stehenden Bestand wieder regenerieren kann. Dies Beispiel zeigt aber auch, wie groß die Torheit der Menschheit ist und die Einsicht meist erst dann »reift«, wenn es fast zu spät ist. Das war in Polen ja auch mit den seltenen Birkhühnern der Fall, auf die die Jagd erst verboten wurde, als der Bestand fast erloschen war.

Von allen osteuropäischen Ländern hat **Rumänien** den stabilsten und mithin größten Wolfsbestand vorzuweisen. Eine glückliche Fügung hatte es ermöglicht, dass sich in der Vorwendezeit die Wolfs- und Luchspopulationen gleichsam im Schatten der »kontrollierten Bärenjagd« gut erholen konnten. Denn der damalige Staatschef Nicolae Ceaucescu hatte von den 1960er-Jahren bis zur politischen Wende 1989 die exklusiven Rechte für die Bärenjagd.

Heute leben in Rumänien geschätzte 3300 Wölfe. Aber in Anbetracht dessen, dass der Wolf laut Berner Konvention geschützt ist, sind die jährlichen »Jagdstrecken« von 200–300 Wölfen immer noch erschreckend. Die erlaubte Jagd von Oktober bis Februar pervertiert den »strengen Schutz« und macht ihn, wie in so vielen anderen Staaten auch, zu einer Farce.

Spanien und Portugal: Raum für Hoffnung

Reisen wir gedanklich zum Schluss auf die Iberische Halbinsel, wo noch zwei interessante, allerdings auch völlig isolierte Wolfsregionen erhalten sind. Die bedeutendere liegt im nordwestlichen **Spanien** und erstreckt sich von Galizien, ganz im Westen an der Atlantikküste, über Asturien im Norden bis in die südöstlichen Regionen Kastilien und Leon.

Das ist eine Fläche von etwa einem Drittel des gesamten Landes. Der spanische Wolfsbestand wird auf etwa 2000 Tiere geschätzt. In der daran angrenzenden nördlichen Region von Portugal sind es zwischen 220 und 460 Wölfe in etwa sechzig Rudeln. Dies geht aus Untersuchungen von Mitte der 1990er-Jahre bzw. von 2002–2003 hervor. Während in Spanien der Status regional unterschiedlich geregelt wird, sind die Wölfe in Portugal durch strengen Schutz vor legalen Abschüssen sicher. Nicht jedoch vor den illegalen. Aber dieses Problem, so ernüchternd es scheint, wird nach meiner Überzeugung wohl niemals in den Griff zu bekommen sein. Selbst dann nicht, wenn Schafzüchter für Wolfsrisse entschädigt werden. Das Rotkäppchen-Syndrom ist und bleibt eine schlimme und unheilbare Krankheit.

Ein junger Timberwolf. Auch diese Unterart des Grauwolfs wurde und wird in Nordamerika bis heute gnadenlos und z. T. von Helikoptern aus, sozusagen als »Freizeitsport«, abgeknallt.

Timberwölfe, die Vettern aus Nordamerika

Zur Zeit der Indianer war Nordamerika voller Wölfe – und zwar von Timberwölfen *(Canis lupus lycaon)*, auch Amerikanische Grauwölfe genannt, einer Unterart des Wolfes.

Mensch und Wolf lebten zu dieser Zeit in vollkommener Harmonie miteinander. Die Indianer sahen den Wolf sogar als ihren

Zwei schmusende Wolfsgeschwister – welch ein wunderschönes Bild! Hoffentlich sieht man dies im 21. Jahrhundert wieder etwas häufiger auf dieser Welt!

»Bruder« an. Erst der weiße Mann war es, der Unheil über Land, Leute – und Wölfe brachte.

Beispielsweise wurden die Timberwölfe in der Region des heutigen Yellowstone-Nationalparks im 19. und beginnenden 20. Jahrhundert derart intensiv verfolgt, dass mit dem Töten des letzten Rudels im Jahr 1926 der Wolfsbestand der gesamten Region ausgelöscht wurde.

Wie überall, wo der Mensch solches Unrecht in der Natur angerichtet hat, geriet das natürliche Gleichgewicht aus dem Ruder. Dies bemerkte man glücklicherweise auch und wollte es nun wieder ändern, die Uhr sozusagen zurückdrehen. Daher wurde ein Projekt ins Leben gerufen, bei dem zwischen 1995 und 1996 insgesamt 31 Timberwölfe aus Kanada angesiedelt und unter Schutz gestellt wurden. Sie haben sich inzwischen mit eingewanderten Wölfen aus Kanada vermischt und bis 2008 die Population auf 1500 Tiere vergrößern können.

Der Timberwolf, das sei hier nochmals betont, ist nach derzeitigem Wissensstand der Forschung »nur« eine von 13 derzeit noch lebenden Unterarten des Wolfes. Allerdings geben genetische Untersuchungen Grund zu der Vermutung, dass es dennoch eine eigene Art sein könnte.

Im Gegensatz zum Europäischen Grauwolf variiert die Fellfarbe des Timberwolfs von weiß bis schwarz. Die braunen Farbschläge sehen dem europäischen Vetter allerdings zum Verwechseln ähnlich. Bis auf die »exotisch« anmutende Fellfärbung und bisweilen extrem große Rudelstärken von über 20 Tieren sind Biologie und Ökologie unserem einheimischen Wolf sehr ähnlich.

Die vornehmlich in Nadelwaldregionen lebenden Timberwölfe waren ursprünglich fast über den gesamten nordamerikanischen Kontinent verbreitet und kehren nach ihrer Beinaheausrottung nun allmählich wieder in den Südosten Kanadas und in die östlichen Staaten der USA zurück.

Bleibt zu hoffen, dass sich die Wolfsbestände weiterhin ungestört erholen und entwickeln können. Grund zur Sorge ist nach wie vor vorhanden, denn allein im Jahr 2008 wurden in den US-Staaten Montana, Idaho und Wyoming insgesamt 1600 Wölfe getötet, darunter 264 Graupelze wegen angeblicher Viehangriffe.

Schutz, Forschung und Zukunftschancen der Wölfe

Der Wolf als Ökologe der Zukunft

Auch wenn der Wolf bis zum heutigen Tage von einigen Leuten als vermeintlich »böser Viehdieb« verunglimpft wird, ändert das nichts an der unbestreitbaren Tatsache, dass er für die Natur äußerst segensreich ist.
Durch die Anwesenheit der Wölfe gerät die Natur wieder ins Gleichgewicht. Es ist wissenschaftlich erwiesen, das Wölfe im gesamten Ökosystem positive Kettenreaktionen auslösen. Der oben erwähnte Yellowstone-Nationalpark ist ein beredtes Beispiel: In den 70 wolfsfreien Jahren waren die »Gewinner« hier beispielsweise Wapitis und Kojoten, die großen Verlierer jedoch strauchbrütende Vögel, Fische und Weichgehölze. Seit 1995 wandelt sich das Blatt wieder: Biber und Singvögel sind zurückgekehrt, ebenso Weichgehölze wie Pappeln und Weiden. Sie alle – und unzählige weitere Spezies aus Flora und Fauna – haben dem Wolf ihre neue Existenz zu verdanken.
Als »Ökologie der Angst« beschrieb Prof. Dr. Matthias Freude, Präsident des Landesumweltamtes Brandenburg, dieses Phänomen, als er am 12. März 2010 auf einer Wolfs-Fachtagung sprach. Er hat am Beispiel der Wölfe

Wölfe haben ihren wichtigen Platz in der Natur – erst wenn sie nicht mehr da sind, merkt man, dass sie fehlen.

vom Yellowstone-Nationalpark zeigen können, wie extrem positiv sich die Graupelze auf die gesamte Ökologie der Natur auswirken und »die Landschaft mehr beeinflussen, als wir uns je vorstellen können«.

Das Beispiel der Yellowstone-Wölfe machte derart Furore, dass man mittlerweile auch in andern Ländern, z. B. Schottland, darüber nachdenkt, Wölfe anzusiedeln. Da sie imstande sind, innerhalb von nur wenigen Jahren z. B. auch einen ausufernden Rotwildbestand stabil zu halten, sehen Forscher in ihnen eine große Chance für weitere zu regenerierende Ökosysteme weltweit. Wölfe könnten die »Ökologen der Zukunft« sein.

Die mit dem Wolf kämpfen – Pyrenäen-Berghunde als Herdenschützer

Er ist der fleischgewordene Mythos vom »Wolf im Schafspelz«, denn er ähnelt vom Aussehen und vom sanftmütigen Charakter her seinen Schützlingen in verblüffender Weise. Ja man traut seinen Augen kaum: Er schmust mit den Schafen und frisst teilweise sogar das gleiche Futter. Und ausgerechnet dieser scheinbar lammfromme Geselle soll eine ganze Schafherde gegen Wölfe verteidigen? Ja, wenn es sein muss, wird er das sicher tun, der »Pyrenäen-Berghund«, wie er korrekt heißt.

Vermutlich aus Tibet stammend, wurde die Rasse bereits vermutlich vor 2000 Jahren zur Abschreckung von Wölfen und sogar Bären eingesetzt. Irgendwann gelangte sie nach Mitteleuropa, und im 15. Jahrhundert kam diese außergewöhnliche Hunderasse als Wächter in den Schlössern der Pyrenäen zum Einsatz. Damals gehörte der Wolf noch zur normalen Fauna der Pyrenäen (wozu er gegenwärtig wieder auf dem Weg ist). Auch König Ludwig XIV. fand im Jahr 1675 Gefallen am Pyrenäen-Berghund, und so kam er beim französischen Adel in Mode.

Seit 1985 wird die Rasse auch in Deutschland häufiger gezüchtet, wo es vor dieser Zeit nur wenige Tiere gab. Auch im Südbrandenburger »Wolfserwartungsland« findet man sie nun vermehrt. Ein einzelner Hund (der bis zu 60 kg und 80 cm Schulterhöhe erreichen kann) ist imstande, eine 700–800-köpfige Schafherde zu verteidigen, wenn es sein muss eben auch gegen Wölfe. (Wobei bei großen Herden zwei bis drei Hunde natürlich sinnvoller sind.) Sein Schutztrieb ist sehr ausgeprägt und sein Verhalten hochsensibel. Vor allem gegenüber schwächeren oder kleineren Geschöpfen, auch kleineren Hunden und sogar Katzen, die zu seiner »Familie« gehören, kommt dies zum Ausdruck. Alles, was seiner Meinung nach schutzbedürftig ist, erhält seinen uneingeschränkten Schutz.

Gerade für Schäfer, die gegebenenfalls bereits Verluste durch Wölfe erlitten haben, ist diese Rasse sehr zu empfehlen. Eine andere für diesen »Job« ähnlich gute Rasse ist der sogenannte Maremma.

Noch ein Wort zum Thema »Wolf und Schaf«: So, wie die Boulevardpresse offenbar jede sich bietende Möglichkeit nutzt, Wölfe zu

Welch ein anrührender Anblick – ein Hund im Schafspelz, umgeben von seinen Schützlingen. In Wolfsgebieten haben sich Pyrenäen-Berghunde als Beschützer der Herden bewährt.

Dank ihres extrem warmen Pelzes können Wölfe selbst im Winter und bei starkem Frost nachts im Freien schlafen.

dämonisieren und Panik zu schüren (»Ein ganzes Dorf in Angst ... «), genauso oft müssen wir Naturschützer ihn rehabilitieren. Natürlich ist nicht zu leugnen, dass Wölfe in seltenen Fällen auch Schafe reißen (was übrigens auch Hunde tun, aber darüber redet keiner). Doch es ist ebenso eindeutig erwiesen, dass der Wolf nicht zwangsläufig Schafe angreift, nicht einmal dann, wenn sie mitten in den Wolfsrevieren leben. Solange genügend natürliche Beute vorhanden ist, wird der Wolf in erster Linie diese nutzen. Wie bereits erwähnt, liegt etwa im Fall der Lausitzer Wölfe der Beuteanteil von Schafen bei unter 1 Prozent liegt. Das ist kein Wunschdenken, sondern sind harte wissenschaftliche Fakten bzw. Zahlen. Und die sagen eben manchmal mehr als Worte.

Das A und O ist, ganz gleich mit welchen Mitteln (seien es Schutzhunde und/oder Weidezäune), immer der Schutz der Schafherde. Und dafür ist der Schäfer verantwortlich.

Insofern möchte ich hier zum Schluss einen sehr weisen Schäfer aus der Oberlausitz zu Wort kommen lassen: »Wenn ein Wolf ein Schaf von mir tötet, dann habe ich etwas verkehrt gemacht!«

Generell gilt: Der Wolf ist in Deutschland und in den meisten europäischen Staaten eine gesetzlich streng geschützte Tierart. Aber was nützt der beste Schutz in Deutschland, wenn außerhalb Europas, also dort, wo

Wölfe noch in größerer Zahl leben, die Graupelze zu Abertausenden getötet werden dürfen. Ich habe schon die Situation in Nordamerika geschildert, wo die Wölfe – trotz ihres vermeintlichen Schutzes – alljährlich zu Tausenden erschossen werden dürfen (auch seine Spitzengeschwindigkeit während der Flucht von bis zu 50 km/h nützt ihm hier leider nichts). Das ist nur möglich, weil der Begriff »Schutz« von Bundesstaat zu Bundesstaat eben völlig unterschiedlich ausgelegt wird und letztlich faktisch nicht mehr vorhanden ist.

Ähnlich dramatisch ist nach wie vor die Situation in weiten Teilen Osteuropas und Asiens, wo teilweise sogar die kleinen, schutzlosen Wolfswelpen aus ihrer Geburtshöhle ausgegraben und getötet werden.

Wolfsschutz durch Aufklärung

Aber solche furchtbaren Zustände sind trotzdem für eine Sache gut: Sie motivieren, umso mehr für den Schutz der Wölfe zu kämpfen. Und der beste Schutz, den Wölfe bekommen können, ist und bleibt die Aufklärungsarbeit über ihre Lebensweise. Das heißt auch: Abbau der Vorurteile, wie mit diesem Buch, oder mit Vorträgen, Gesprächen, Wolfsfachtagungen, Ausstellungen usw.

Ich bin ja in fast allen vorlaufenden Kapiteln schon auf diese Problematik eingegangen und habe versucht zu vermitteln, dass der Wolf alles andere als ein böses, sondern vielmehr ein hochfaszinierendes Tier ist. Und in Deutschland das nach wie vor seltenste! Man kann es auf diese schöne Formel bringen:

Der Wolf wird niemals so sein, wie sich die Menschen das wünschen oder vorstellen, sondern so, wie Gott, der Schöpfer, das für ihn bestimmt hat. Mit einem Platz in der Natur, der genau für ihn vorgesehen ist und den er seit Jahrmillionen erfolgreich ausfüllt.

Dass das nicht alle Menschen so sehen, zeigt ein besonders krasser Fall aus der Oberlausitz. Hier hatte sich vor einigen Jahren ein unter Natur- und Tierfreunden berüchtigter Verein gegründet, der mit absurdesten Behauptungen und Vorurteilen Stimmung gegen den Wolf zu machen suchte. Doch es hat sich schnell gezeigt, dass man mit solchen Dämonisierungen wie beispielsweise »Der Wolf ist eine Gefahr für Kinder« in der heutigen Zeit mitunter das Gegenteil erreicht und sich mit der Verbreitung solch grotesker Lügen nur lächerlich machen kann.

Jeder aufgeklärte Bürger, ja selbst Kinder wissen heute, dass der Wolf jegliche Nähe des Menschen meidet. Und selbst wenn eine Begegnung in der Natur einmal stattfinden sollte, würde der Wolf sofort die Flucht ergreifen. Aber er würde niemals – ich schrieb es hier schon öfter und betone es letztmals – einen Menschen, ganz gleich ob einen großen oder kleinen, angreifen!

Aufklärungs- und Forschungsarbeit hilft Wölfen und Menschen

Einen wichtigen Beitrag zur Aufklärung über das Verhalten und die Lebensweise des Wolfes leistet seit dem Jahr 2004 das Kontaktbüro Wolfsregion Lausitz im Erlichthof in Rietschen (Sachsen). Diese vom Sächsischen Ministerium für Umwelt und Landwirtschaft und dem Niederschlesischen Oberlausitzkreis betreute Einrichtung ist die offizielle Ansprechstelle für alle Bürger und Medienvertreter, die sich für das Thema Wolf interessieren.

In diesem hübschen Holzhaus befindet sich das Kontaktbüro Wolfsregion Lausitz.

Die Projektleiterin, Dipl. Forstwirtin Jana Schellenberg, hält übers Jahr verteilt viele Vorträge, um die Bevölkerung mit sach- und fachkundiger Kompetenz über den Wolf aufzuklären. Auch Ausstellungen, Exkursionen und Wolfsprojekttage für Schüler oder Kinder von Kindertagesstätten werden durchgeführt. Die für diese Arbeit nötigen Informationen basieren aus dem Wolfsmonitoring und werden auch in Presseinformationen, Faltblättern und auf Informationsständen veröffentlicht.

Darüber hinaus gibt es deutschlandweit inzwischen zahlreiche Vereine bzw. große namhafte Naturschutzverbände (NABU, WWF, Euronatur usw.) die sich auf sehr vielfältige und sehr engagierte Weise (Aufklärungsarbeit, Publikationen, Aktionen usw.) für den Schutz der Wölfe einsetzen (s. Anhang »Adressen«).

Zwei international bekannte deutsche Wolfsforscher, Erik Zimen (1941–2003) und Werner Freund (* 1933), dürfen hier nicht unerwähnt bleiben. Beide hatten bzw. haben sich den Wölfen verschrieben und sich die Wolfsforschung zur Lebensaufgabe gemacht. Ihre unzähligen Erlebnisse und die jahrzehntelange Forschungsarbeit waren und sind Grundlage für viele neue Erkenntnisse zum Wolf.

Danke, liebe Wölfe!

Ich denke, ich spreche diesen beiden großen Wolfsfreunden aus der Seele, wenn ich sage, dass wir uns in Deutschland sehr glücklich schätzen dürfen, dass der Wolf wieder in seine alte Heimat zurückgefunden hat. Und die Zukunftschancen sind gar nicht einmal schlecht – sofern wir ihn leben lassen, so wie er das will, und nicht so, wie manche Menschen das gerne hätten.

Wir sollten dem Wolf auch dankbar dafür sein, dass er nicht »nachtragend« ist. Denn das, was der Mensch diesem Tier an Unrecht angetan hat, ist in der Summe der Ereignisse der letzten beiden Jahrtausende ohnehin nicht mit Worten zu beschreiben. Ich bin oft am Rande der Verzweiflung gewesen, und manchmal flossen sogar Tränen, wenn ich die erschütternden Fakten erfahren oder erlesen und für dieses Buch »lesbar verpackt« wiedergeben musste. Und in fast jedem der Kapitel bin ich, ob ich nun wollte oder nicht, auf das Thema »Verfolgung des Wolfes« gestoßen, in welchem Zusammenhang auch immer.

Doch nun ist es geschafft, und ich kann dieses Werk, meinen bislang sechsten Bildband, nach drei intensiven Fotojahren und fünf intensiven Schreibmonaten mit folgendem positivem Resümee beenden:

Meine Hochachtung und mein Respekt gegenüber dem Wolf und meine Liebe zu ihm sind weiter gestiegen. Wir sollten uns alle freuen, dass diese wunderbaren Geschöpfe endlich wieder »zu Hause« angekommen sind. Sehen wir sie als grandiose Bereicherung und kostbares Kleinod unserer heimischen Natur, wo sie nun mal hingehören.

Überall dort, wo Wölfe als Mitgeschöpf geachtet und respektiert werden, können sie heute – zumindest in Deutschland und einigen anderen Ländern Europas – wieder hoffnungsvoll in die Zukunft blicken.

Register

Zum Weiterlesen

McAllister, Ian: Wilde Wölfe – Die letzten ihrer Art in Kanada. Frederking & Thaler Verlag, München 2009
Okarma, Henryk & Langwald, Dagmar: Der Wolf – Ökologie, Verhalten, Schutz. Parey Buchverlag, Berlin 2002
Rowlands, Mark: Der Philosoph und der Wolf – Was ein wildes Tier uns lehrt. Rogner & Bernhard Verlag, Berlin 2009

Quellen

Anhalt, Utz: Der Werwolf, Ausgewählte Aspekte einer Figur der europäischen Mythengeschichte unter besonderer Berücksichtigung der Tollwut. Magisterarbeit, Universität Hannover 1999
Baumgartner, Hansjakob; Dettling, Peter A.; Gloor, Sandra; Weber, Jean-Marc: Der Wolf. Haupt Verlag, Bern 2008
Butzeck, Steffen: Beiträge zur Geschichte der Säugetierfauna der DDR. Hercynia N.F., Leipzig 1988
Gesner, Conrad: Von den Hunden und dem Wolff. edition tieger, Autorenhaus Verlag, Berlin 2008
Götzinger, Dr. E.: Reallexicon der Deutschen Altertümer. Verlag von Woldemar Urban, Leipzig 1885
Grimm, Jacob & Grimm, Wilhelm: Kinder- und Hausmärchen. Band 1, Berlin, 1812/15
Grimm, Jacob & Grimm, Wilhelm: Deutsche Sagen. Kassel 1816/18
Hauber, Eberhard David: Curiose Erzählung von den Währ-Wölffen. (Schriften erschienen 1695–1765)
Hausrath, August: Aesopische Fabeln. Reihe Tusculum, Leipzig 1970
Kobell, Franz Ritter von: Wildanger (Jagderzählungen). 1859
Koerner, Sebastian: Ökologie und Verhalten des Wolfes. Spreewitz 2007

KREMER, PETER: Der Werwolf von Bedburg. Versuch einer Rekonstruktion des Hexereiprozesse aus dem Jahre 1589. Selbstverlag, Düren 2005
LANGWALD, DAGMAR: Faszination Wolf. V. F. Sammler (im Leopold Stocker Verlag), Graz 2002
MATTHIES, RUDOLF: Als in unseren Wäldern noch Elch und Wolf hausten. Heimatkalender für den Kreis Bad Liebenwerda, 1960
NEEB, MAREIKE: Der Wolf, Jahresarbeit. Gieleroth-Herpteroth, August 2004
REINHARDT, ILKA UND KLUTH, GESA: Leben mit Wölfen. Bundesamt für Naturschutz (BfN, Hrsg.), Bonn-Bad Godesberg 2007
RITZ, HANS: Die Geschichte vom Rotkäppchen – Ursprünge, Analysen, Parodien eines Märchens. Muriverlag, Kassel 2006
STAATLICHES MUSEUM FÜR NATURKUNDE GÖRLITZ (Hrsg.): Wölfe in der Lausitz. Görlitz 2007
VÖLKER, KLAUS (Hrsg.): Werwölfe und andere Tiermenschen. Suhrkamp Verlag, München 1994
WICK, JOHANN JACOB: Sammlung von Nachrichten zur Zeitgeschichte aus den Jahren 1560–87
ZIMEN, ERIK: Der Wolf – Verhalten, Ökologie und Mythos. Knesebeck & Schuler Verlag, München 1993

Zeitungs- und Zeitschriftenartikel

Kreisblatt Hoyerswerda und Weißwasser, 01.03.1904
Luckauer Kreisblatt, 08.12.1909
National Geographic Deutschland (nationalgeographic.de), Heft 3, 2010
Spiegel-online (spiegel.de), Nr. 39/1973, 17.06.1985, 13.04.1998, 31.01.2005
Lausitzer Rundschau (lr-online.de), 18.03.2008
Der Tagesspiegel (tagesspiegel.de), 23.03.2007, 04.01.2010
Potsdamer Neueste Nachrichten (pnn.de), 02.02.2010
Berliner Morgenpost, (morgenpost.de), 12.01.2008
Hamburger Abendblatt, 25.04.2007, 18.12.2007
Süddeutsche Zeitung (sueddeutsche.de), 03.02.2005, 14.01.2008
Frankenpost (frankenpost.de), 10.01.2008
merkur-online.de, 25.02.2010
Märkische Allgemeine (maerkischeallgemeine.de), 29.07.2009
freiepresse.de, 12.10.2010
Zeit Online (zeit.de), 27.12.2007, 01.01.2008
Hannoversche Allgemeine (haz.de), 24.05.2007
TLZ.de, 04.03.2010
Berliner Zeitung (berlinonline.de), 18.10.2000
Cellesche Zeitung (cellesche-zeitung.de), 18.12.2006

Pressemitteilungen und Berichte

Ministerium für Landwirtschaft und Umwelt (Magdeburg, Sachsen-Anhalt), PM Nr.: 086/09
LUA Brandenburg, PM vom 24.07.2009, 26.01.2010 und 12.03.2010
NABU, PM vom 23.08.2007
IFAW, PM vom 19.07.2007 und 10.08.2009
Gesellschaft zum Schutz der Wölfe e.V., Berichte vom 08.02.2007 – 27.01.2010

Andere Quellen (Internet)

Der Wolf von Gubbio, www.franzvonassisi.ch, 2010
Klosterpark und Wolfsgalgen, www.schortens.de, 2006
Lorey, Elmar: Flugblätter zum Fall Peter Stump, Werwolfprozesse in der Frühen Neuzeit, www.elmar-lorey.de, 2009/2010
Lüning, Burkhard & Wübbe, Walter: Der letzte Wolf von Karnickelhausen, www.karnickelhausen.de, 2006

Wichtige Adressen und Ansprechpartner

Kontaktbüro »Wolfsregion Lausitz«
Jana Schellenberg
Am Erlichthof 16, 02956 Rietschen
Telefon 035772-46762, Fax 045772-46771
E-Mail: wolfsregion-lausitz@nol.kreis.de
www.wolfsregion-lausitz.de

NABU-Sachsen Arbeitsgruppe »Pro Wolf«
Löbauer Str. 68, 04347 Leipzig
Telefon 0341-2333130, Fax 0341-2333133
E-Mail: landesverband@NABU-sachsen.de
www.NABU-sachsen.de

Gesellschaft zum Schutz der Wölfe e.V.
Dr. Rolf Jaeger
Gleiwitzer Weg 5, 53119 Bonn
Telefon 0228-661377, Fax 0228-9875111
Mobil 0172-3432201
E-mail: Rolf. Jaeger@gzsdw. de
www.gzsdw.de

Freundeskreis freilebender Wölfe e. V.
Im Proffgarten 13, 53804 Much-Marienfeld
Telefon 02245-911374
uwe.tichelmann@freundeskreis-wolf.de
www.lausitz-wolf.de

Deutsche Wolfsgemeinschaft /
German Wolf Association e.V.
Steigerweg 6, 36355 Grebenhain
www.wolves.de

WWF Deutschland-Zentrale
Rebstöcker Straße 55, Postfach 190440
60326 Frankfurt
Telefon 069-791440, Fax 069-617221
www.wwf.de

EuroNatur Stiftung
Konstanzer Straße 22, 78315 Radolfzell
Telefon 07732-92720, Fax 07732-927222
E-Mail: info@euronatur.org
www.euronatur.org

Danksagung

Selten hat mich ein Buchprojekt über einen so langen Zeitraum (es waren mehrere Jahre) derart »in Atem« gehalten, vor allem wohl auch wegen des für mich »Wolfsbruder« so hochemotionalen Themas. Daher danke ich hier zunächst und zuallererst dem BLV Verlag, mit dem ich seit nunmehr fünf Jahren sehr gut zusammenarbeite und ohne den es diesen Bildband gar nicht geben würde.

Für meinen Vater

Ganz besonders herzlich danke ich meiner Mutter Edith Schulz und meiner Schwester Dagmar Schieb und Familie für so manch tröstendes und erbauliches Wort, ihre offenen Ohren, ihre Geduld und ihre unermüdliche Hilfe und Unterstützung während meiner Fototouren, insbesondere der Pflege meiner vierpfötigen »Königin des Herzens«, Beauty, die ich liebe wie mein Leben.
Ein ganz spezielles Dankeschön geht an meine kompetenten Fachexperten und »Wolfsfreunde« Gerhard Fritsche, Falk Knutsen, Peter Manke und Gerd Ullmann, die mich in großartiger Weise bei meiner Arbeit unterstützt haben.
Dankbar bin ich auch den nachfolgenden Freunden, Kollegen, Bekannten, Fachleuten und mir wohlgesinnten Menschen, die mir ebenfalls mit Rat und Tat zur Seite standen: Bettina Beier, Steffen Butzeck (LUA Brandenburg), Hanno Eckmann, Constanze Eiser, Heiko und Dorota Günther, Karl-Heinz Kammel, Sebastian Koerner, Rolf Knierriem, Norbert und Annemarie Langner, Dr. Reinhard Möckel, Fritz Quitter, Jana Schellenberg (Kontaktbüro »Wolfsregion Lausitz«), Herbert Schnabel (BROHTL), Bodo Segebrecht (LUA Brandenburg), Günter Stachowiak, Wolfram Taubert und Ralf Uschner.
Und zu guter Letzt danke ich hier auch ausdrücklich meinem Schutzengel und meinem lieben »Reisegeist«, die mir seit Jahren auf all meinen Fotoreisen treue und liebevolle Beschützer und Begleiter sind.

Bildnachweis:

Alle Fotos von Olaf Schulz, außer:

Blickwinkel/Kopp G.: 13
Blickwinkel/Walz U.: 130
Hennings J.: 27
Lehrmittel Luksch München: 18
Privatbesitz: 64, 65
Steyn P./ardea.com: 12
www.wikipedia.org/Alfred Rethel: 23
www.wikipedia.org/Autor unbekannt (um 1765): 75
www.wikipedia.org/Autor unbekannt (um 1685): 76
www.wikipedia.org/Carl Emil Doepler (1882): 50
www.wikipedia.org/Frans Luycx, (1652): 28
www.wikipedia.org/Govert Flinck (1652): 30
www.wikipedia.org/H.J. Ford (1912): 54
www.wikipedia.org/Johannes Gehrts (1901): 49
www.wikipedia.org/Lucas Cranach der Ältere (1512): 72
www.wikipedia.org/Tomarctus: 10
www.wikipedia.org/Wilhelm von Kaulbach: 70
www.wikipedia.org/Wohlfahrtsmarken der deutschen Bundespost (1963): 66
Wothe K./Arco Images GmbH: 59

Die historischen Darstellungen im Text wurden folgenden Werken entnommen:

Bartels, A. (1900): Der Bauer in der deutschen Vergangenheit. Leipzig: Seite 74.
Fouilloux, Jacques du (1590): New Jägerbuch. Straßburg: Seite 22.
Fouilloux, Jacques du (1590): New Jägerbuch. Straßburg: Seite 25.
Ridinger. J.E. (1729): Wie der Wolf mit Netzen zu fangen. Augsburg: Seite 31.

Bibliografische Information der Deutschen Nationalbibliothek

Die Deutsche Nationalbibliothek verzeichnet diese Publikation in der Deutschen Nationalbibliografie; detaillierte bibliografische Daten sind im Internet über http://dnb.d-nb.de abrufbar.

BLV Buchverlag GmbH & Co.KG
80797 München

Umschlagfotos: Olaf Schulz

Lektorat: Dr. Friedrich Kögel; Dr. Eva Dempewolf
Herstellung: Hermann Maxant

Layout: Anton Walter, Gundelfingen
DTP: agentur walter, Gundelfingen

Gedruckt auf chlorfrei gebleichtem Papier

Printed in Germany
ISBN 978-3-8354-0620-9